Hotel Information System's EDP Internal Control

호텔정보시스템의 품질과 EDP내부통제

Hotel Information System's EDP Internal Control

호텔정보시스템의 품질과
EDP내부통제

이병원 지음

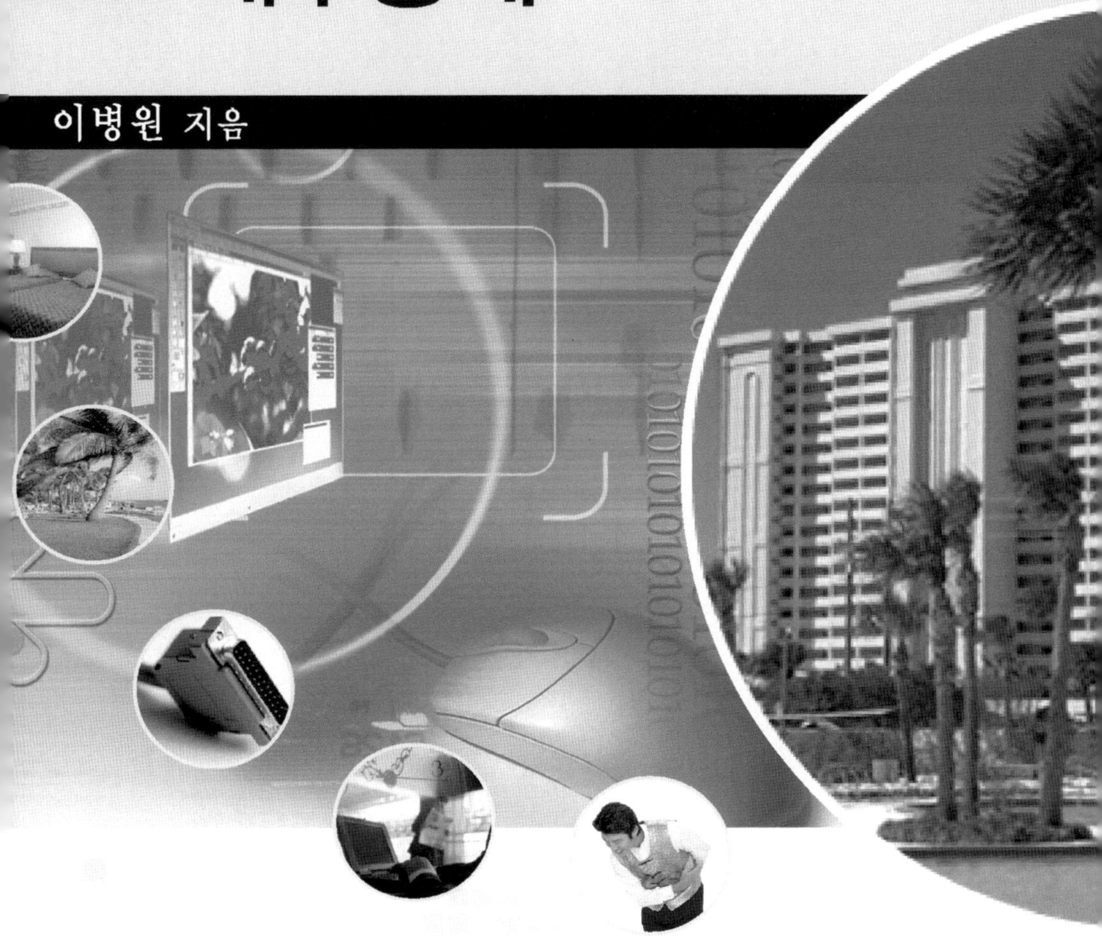

한국학술정보㈜

>>>> 차 례

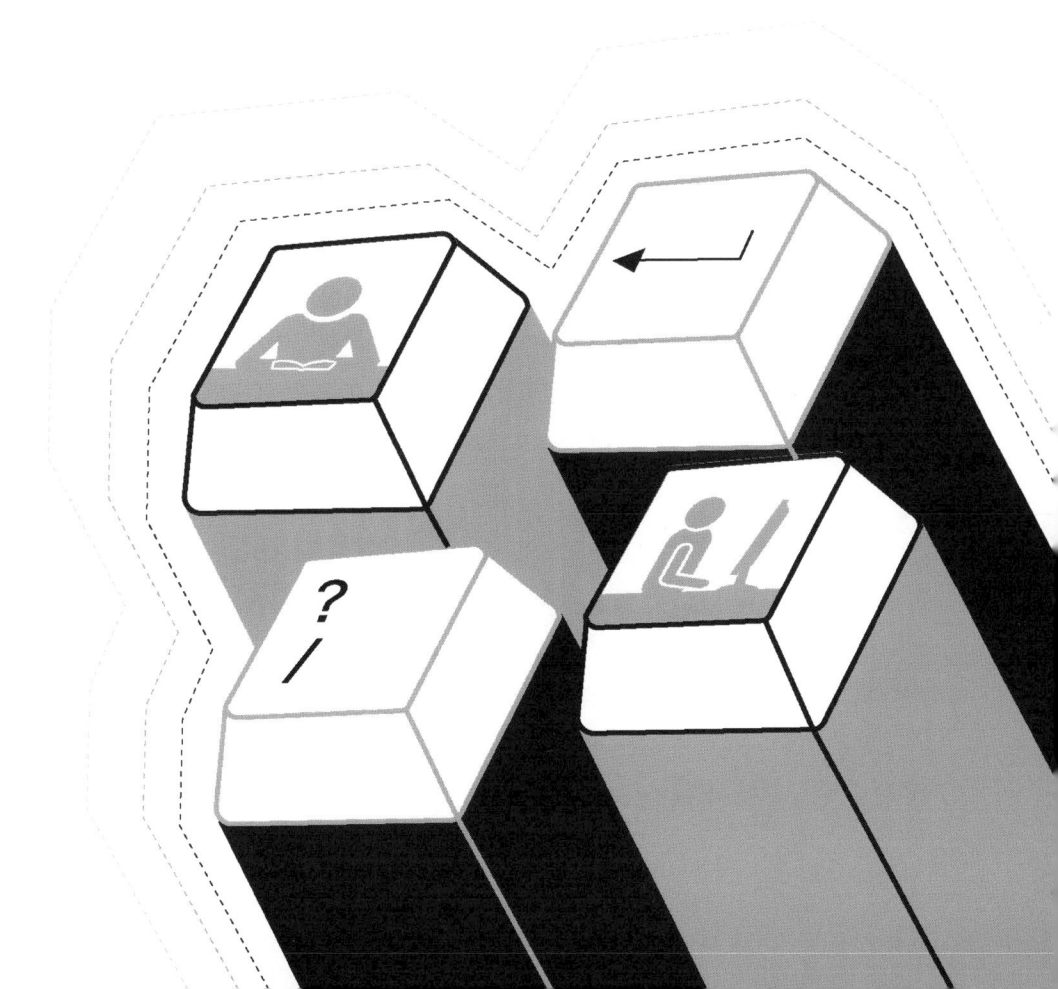

>>>   I. 서 론

1. 연구배경

   오늘날 정보통신산업과 컴퓨터기술의 급속한 발전으로 지식정보화 산업의 물결은 우리 사회 전반을 변화시키고 있다. 모든 기업과 가정 또는 기타 조직에서 PC와 인터넷 사용이 일상화되었고, 사회적으로는 조직의 운영 및 업무, 교육, 의료, 은행업무, 전자상거래 등 사람들의 일상적인 생활과 밀접한 관련이 있는 전 부문에 있어서 급격한 변화를 맞고 있다. 이에 따라 호텔산업에 있어서도 예외가 아니다. 호텔의 컴퓨터를 이용한 정보재활용은 호텔경영의 중심축으로 설정하고 새로운 고객접점으로뿐만 아니라 경영 전반에 걸쳐 활용하는 초일류 호텔기업 등이 나타나고 있다(한진수, 2000).

   호텔은 인적 서비스의 비중이 커서 오래전에는 컴퓨터 이용의 한계가 있는 것으로 간주되었으나 점차 호텔규모가 커지고, 세계적 유수 호텔체인들이 국내에 진입하면서 업무가 복잡해져 컴퓨터의 신속성과 편리성에 의존하지 않을 수 없게 되었다.

   1950년대 세계2차대전 후 급속한 과학기술의 발달로 컴퓨터의 개발과 보급을 시작한 이후 1960년대에 들어서자 컴퓨터회사들이 호텔전산화에 관심을 가졌으나 호텔이 일반제조업이나 타 산업의 재고관리시스템과 너무나 다른 호텔객실 판매와 연결된 복잡한 업무로 인하여 호텔산업의 자동화는 실패하였다. 1970년대에 컴퓨터시스템의 혁신적 설계로 인하여 컴퓨터 설치비용의 저렴화, 소형화, 운용의 간편화가 이루어져 호텔산업의 자동화가 이루어지게 되었다. 즉 예약확인절차의 신속·간편과 고객의 숙박등록카드계정도 전산폴리오(electronic folios)를 통하여 자동분개가 이루어지게 되었다. 1980년대는 완전 통합된 자동화 시스템으로 발전되었고, 지식정보화 사회에서 호텔정보시스템의 재구축과 새로운 경영정보시스템 개념정립의 필요성이 요구되었다(양창식, 1995). 1990년대에는 1인 1대의 PC의 보급과 네트워크의 발전으로 파생되는 정보기술을 이용하는 사용자가 증가하면서 서비스의 지원체제가 필요하였다. LAN(local area network)과의 연결, 시스템 개발 그리고 소프트웨어 교육, 하드웨어와 소프트웨어의 선정 및 설치, 정보시스템 문제해결과 같은 많은 업무를 정보시스템 부서가 도와주기를 정보시스템 사용자는 기대하였다. 정보시스템 부서 내의 정보센터 및 도움이 창구와 같은 시설은 이와 같은 내용을 잘 반영해 주며 이로 인하여 정보시스템 부서의 역할은 제품개발자와 운영관리자에서 서비스제공자로 역할을 더하게 되었다(허정봉, 2000).

　　정보시스템에 대한 적절한 관리는 기업 환경의 변화에 대응하는 적응력과 유연성을 제공한다는 인식이 일반화됨에 따라 호텔에서 호텔정보시스템의 중요성이 증대되고 있다. 호텔의 경영환경이 날로 경쟁이 치열해짐에 따라 국내외의 경쟁에서 이겨 생존·발전과, 타 호텔보다 높은 수익성을 달성하기 위해서는 환경변화에 적절하게 대응하는 것이 필수적이다. 호텔경영자가 호텔경영활동에 의해 얻어진 호텔의 경영정보를 경영의사결정과 경영정책과 경영전략을 수립하기 위해서는 합리적인 호텔정보시스템이 필요하다.

호텔정보시스템을 도입해야 하는 이유는 다음과 같다. 첫째, 현대는 불확실성의 시대이다. 호텔과 관련한 의사결정은 불확실성하의 의사결정이다. 호텔정보시스템의 도입으로 미래의 위험을 예측하여 미리 줄일 수 있다. 둘째, 호텔조직이 확대되어 의사소통의 문제점이 발생되는데 호텔정보시스템의 도입으로 이 문제를 해결할 수 있다. 셋째, 호텔정보시스템의 도입이 경쟁력강화의 수단이 될 수 있다. 즉 호텔정보시스템의 도입은 고객서비스의 향상, 생산성의 향상 그리고 종업원의 업무 만족도를 향상시키기 위해 꼭 필요하다.

호텔정보시스템은 호텔영업과 관련한 자료의 수집과 처리 그리고 정보를 제공하는 역할을 한다. 호텔정보시스템을 도입함으로써 다음과 같은 효과가 기대된다. 첫째, 인력감소효과로 방대한 자료처리를 호텔정보시스템으로 처리함으로써 수작업보다 소수의 인원으로 가능하다. 둘째, 호텔정보시스템의 개발과 그에 따른 업무분석 또는 그 결과에 의한 업무와 제도상의 개선이 기대된다. 즉 업무의 통일화와 표준화로 업무능률을 향상시킬 수 있다. 셋째, 잘 개발된 호텔정보시스템을 적절히 이용할 경우에는 각 부문 간의 정보유통이 활발해지고 부서 간의 업무추진도 효율적으로 이루어져 조직 전체의 성과를 높일 수 있다. 넷째, 이상적으로 구축된 호텔정보시스템을 통하여 전달되는 각급 경영진에게 호텔의 경영상황을 정확하게 알려줌으로써 질 높은 의사결정이 이루어진다. 즉 동일한 능력의 경영자의 경우 호텔정보시스템이 우수한 호텔의 경영자가 더 높은 성과를 달성할 수 있다. 그러므로 호텔정보시스템의 도입으로 신속하고 정확한 정보처리가 가능하여 호텔경영관리의 효과를 제고할 수 있다(박희석, 2001; 양창식, 1995; 김태인,

1994; 박준성, 1992; 김만술, 1988; 조소윤, 1985).

호텔산업의 환경이 전산화된 환경으로 변화하면서 컴퓨터 범죄 및 정보자료의 유출, 내부자료 변조 및 파괴, 부정정보처리 등의 부작용이 발생하고 있다. 따라서 호텔기업은 컴퓨터 범죄 및 부정과 오류를 신속히 발견하고 예방하여야 한다. 이를 위해 자료의 입력·처리·출력에 대한 부분을 정확히 통제하여 컴퓨터 범죄를 방지하고 업무의 효율을 제고하기 위해 EDP(electronic data processing)내부통제구조를 포함하는 총체적인 보안시스템(security system)을 구축해야 한다.

호텔산업의 EDP환경하에서 회계 및 경영정보시스템이 적절히 작동되려면 통제환경을 제공하는 포괄적인 정보시스템인 EDP내부통제시스템이 필요하다. EDP내부통제시스템은 기업 전체 조직과 관련하여 볼 때는 통제시스템의 중요한 부분으로서 회계 및 경영정보시스템이 적절히 움직여 그 기능을 수행할 수 있도록 통제된 환경을 조성한다. 그리고 호텔산업의 EDP환경하에서 각종 데이터들이 수집되고 가공되며, 전달되는 전체과정에 영향을 미치게 되어 보다 나은 호텔정보시스템을 유지시킬 수 있는 포괄적인 시스템이라 할 수 있다. 즉 호텔산업의 EDP환경하에서는 수작업처럼 원시자료나 입력물을 직접 볼 수 없고 저장물도 컴퓨터의 조작 없이는 판독이나 조정이 불가능하다. 그리고 자기디스크, 테이프, 컴퓨터 내의 비교적 작은 공간에 막대한 자료의 양을 저장할 수 있으나 해킹이나 시스템 오류 등으로 인한 손실위험도 상당히 크다. 이러한 여건하에서 호텔정보시스템의 고품질을 유지하여 호텔정보시스템의 산출물인 고품질의 정보를 사용자에게 제공하기 위해서는 EDP내부통제가 필수적이다. 바꾸어 말하면, 훌륭한 EDP내부통제는 보다 나은 호텔정보시스템을 유지하여 종국적으로 사용자 만족도[1]를 높일 것이다.

2. 문제의 제기

EDP내부통제(EDP internal controls)는 자산을 보호하고 회계자료의 신뢰성과 정확성을 보장하며, 경영능률을 증진시키고 경영정책을 준수하도록 촉진시키기 위하여 기업이 채택하는 조직계획 및 통합된 일체의 방법과 수단들로 구성된다(AICPA SAS No.1). 이는 호텔정보시스템의 성과에 큰 영향을 미칠 것은 분명할 것이다. 왜냐하면 기업의 내부통제는 통제의 필수적인 부분으로 특별히 호텔정보시스템에 작용하여 정확하고 신뢰할 수 있는 정보제공과 자산보호가 가능하기 때문이다. 김궁헌(1991, 1993)은 내부통제에 대한 종전연구의 틀을 벗어나서 내부통제시스템을 정보시스템의 성과에 영향을 미치는 변수로 보았다. 그는 EDP내부통제시스템이 회계정보시스템을 위한 환경을 제공한다는 측면에서 조직의 상황변수와의 적합성에 따라 회계정보시스템의 성과에 영향을 미친다는 것을 밝히려 하였다. 김응준(1998)은 EDP내부통제구조(일반통제, 응용통제)와 회계정보시스템의 성과(정보의 질, 사용자 만족)와의 관계를 분석하여 회계정보시스템의 효율적인 운영 및 성과측정을 실시하였다. 일반통제(general control)의 실시 정도는 회계정보시스템의 성과인 사용자 만족에 시스템 개발 및 문서화 통제, 하드웨어 및 소프트웨어 통제 등이 가장 큰 영향을 미쳤다. 응용통제(application control)의 실시 정도는 회계정보시스템의 성과인 사용자 만족에 입력 및

---

1) 본 연구에서 '사용자 만족'은 호텔종업원이 호텔정보시스템을 이용한 결과 느끼는 만족의 정도를 말한다.

처리통제가 영향을 미치고 있음을 밝혔다. 이들의 연구를 통하여 호텔정보시스템의 성과인 사용자 만족에 대하여 영향을 주는 중요한 변수로 EDP내부통제를 선정할 수 있는 기초가 마련되었다. 따라서 호텔정보시스템의 EDP내부통제도 사용자 만족에 영향을 미친다고 유추할 수 있다.

호텔정보시스템 분야의 중요성은 날로 증대되고 있다. 호텔정보시스템의 성과, 즉 사용자 만족도를 높이기 위해서 그동안 하드웨어의 신뢰성과 소프트웨어의 품질과 같은 정보시스템의 제품 중심의 품질에 관한 연구가 주류를 이루어왔다. 그러나 최근 정보 품질과 시스템품질 외에 호텔정보시스템의 역할이 사용자가 지각하는 제품 중심적인 정보와 시스템의 품질이 호텔정보시스템의 측면에서 볼 때 관리론적으로 중요하다고 할 수 있지만, 사용자가 지각하는 서비스 품질 역시 이에 못지않게 중요하다고 할 수 있다(박희석, 2001).

그리고 그동안 호텔정보시스템의 품질과 관련한 선행연구에서 정보시스템의 세 가지 차원, 즉 정보 품질, 서비스 품질, 시스템 품질이 사용자 만족에 미치는 차별적 영향력을 연구한 논문이 많지 않아 이에 대한 연구가 필요하다. 정보 품질, 서비스 품질, 시스템 품질 개념의 시각에서 볼 때 품질은 시스템 유용성 그리고 사용자 만족과 매우 밀접한 관련성을 지닐 수 있다(Kim, 1989). 또 정보시스템의 성과를 효과적으로 달성하기 위해서는 올바른 품질측정도구의 개발이 전제되어야 한다(엄홍섭, 1999).

이와 같이 호텔정보시스템의 유용성, 즉 사용자 만족도를 높이기 위해서는 호텔정보시스템에 대한 EDP내부통제가 효과적으로 이루어져야 할 뿐만 아니라 호텔정보시스템의 정보 품질, 서비스 품질 그리고 시스템 품질이 높아야 한다. 이에 대한 종합적인 연구는 국내는 물론 국

외에서도 아직 수행되지 않았다. 따라서 본 연구는 김응준(1998)과 박
희석(2001) 등의 연구를 참고하여 호텔정보시스템의 EDP내부통제와
품질이 경영성과와 직결되는 사용자 만족에 긍정적인 영향을 미칠 것
이라는 일반적인 추측에 대한 확실성을 검증하기 위해 호텔정보시스템
의 EDP내부통제와 품질의 측정척도에 대한 계량적인 타당성을 검토해
보고자 한다. 아울러 본 연구에서는 호텔정보시스템의 사용자 만족도
를 검증하기 위하여 호텔정보시스템의 EDP내부통제와 품질이 사용자
만족에 미치는 영향요인을 추출하고, 이를 이용하여 현재 국내에서 영
업 중인 특급호텔에 근무하고 있는 사용자 만족을 검증해 보고자 한
다. 즉 호텔정보시스템의 사용자 만족의 평가를 위한 이론적 모형과
호텔정보시스템을 이용하는 사용자를 대상으로 하는 실증적 자료에 근
거하여, 호텔정보시스템의 EDP내부통제와 품질이 호텔정보시스템 사
용자 만족에 미치는 영향요인을 실증적으로 검증함으로써, 호텔정보시
스템의 사용자 만족의 평가를 위한 변수 간의 관련성과 사용자 만족의
기초적 논거를 제시하여 호텔정보시스템의 사용자 만족을 효과적으로
극대화시키는 데 유용한 정보를 제공하고자 한다.

3. 연구의 목적

    호텔기업의 경영에 있어서 호텔정보시스템의 구축과 효율적인 운용
은 경쟁우위의 핵심전략이 되고 있으며, 호텔정보시스템을 통한 경쟁
력이 확보되면 성장잠재력은 물론 고부가가치산업으로 탈바꿈될 것이

다. 따라서 호텔기업의 호텔정보시스템이 효율적으로 EDP내부통제가 이루어지고, 호텔정보시스템의 정보 품질, 시스템 품질, 서비스 품질이 향상되면 호텔기업의 종업원 만족도, 즉 사용자 만족도가 높아져 결과적으로 호텔기업의 경영성과도 호전될 것이다. 따라서 호텔정보시스템의 EDP내부통제와 품질 그리고 사용자 만족 간의 관계를 실증적으로 분석하여 호텔기업의 경영진에게 호텔정보시스템의 운용에 관한 올바른 의사결정 자료를 제공할 수 있다.

본 연구에서는 호텔종업원들이 인식하고 있는 호텔정보시스템의 일반통제와 응용통제가 호텔정보시스템의 EDP내부통제에 미치는 영향과 호텔정보시스템의 EDP내부통제가 호텔정보시스템의 품질과 사용자 만족에 미치는 영향을 분석한다. 그리고 호텔종업원들이 인식하고 있는 호텔정보시스템의 정보 품질, 시스템 품질, 서비스 품질이 호텔정보시스템의 품질에 미치는 영향과 호텔정보시스템의 품질이 사용자 만족에 미치는 영향을 분석한다.

앞에서 언급한 문제제기를 바탕으로 본 연구의 목적을 기술하면 다음과 같다.

첫째, 호텔산업을 대상으로 EDP내부통제수준을 일반통제와 응용통제를 통하여 파악하고 그 영향을 분석한다.

둘째, 호텔정보시스템 품질을 정보 품질, 시스템 품질, 서비스 품질을 통하여 파악하고 그 영향을 분석한다.

셋째, 호텔정보시스템의 EDP내부통제가 호텔정보시스템의 품질에 미치는 영향과 인과관계를 검토한다.

넷째, 호텔정보시스템의 EDP내부통제가 경영성과와 직결되는 사용자 만족에 미치는 영향을 파악한다.

다섯째, 호텔정보시스템의 품질이 경영성과와 직결되는 사용자 만족에 미치는 영향을 파악한다.

이와 같은 연구목적의 수행을 통해 본 연구는 첫째, 호텔기업의 소유주나 최고경영자들에게 호텔정보시스템의 EDP내부통제에 대한 중요성을 재확인시켜 주고 경영계획 수립에 필요한 올바른 의사결정을 할 수 있도록 기초 자료를 제시하고자 한다. 둘째, 호텔정보시스템의 품질, 즉 정보 품질, 시스템 품질 그리고 서비스 품질의 부문별 중요성과 영향에 대한 실증분석에서 획득한 자료를 새로운 시스템개발계획의 수립에 필요한 근거자료를 제공하고자 한다. 셋째, 호텔정보시스템의 EDP내부통제가 호텔정보시스템의 품질에 미치는 영향에 대한 실증분석에서 얻은 자료를 이용하여 호텔정보시스템의 EDP내부통제와 호텔정보시스템의 품질을 동시에 고려하여야 함의 이론적 토대를 제공하고자 한다. 넷째, 호텔관광학계에서 아직 연구가 미진한 호텔정보시스템의 EDP내부통제와 품질에 있어서 하나의 연구토대를 구축하고자 한다.

4. 연구의 의의

각 호텔의 최신 정보화 시스템 도입경쟁이 치열하다. 모든 객실에 유·무선 근거리통신망(LAN)을 설치하고 인터넷서비스를 제공하고 있다. 예를 들어, 롯데, 웨스틴 조선, 그랜드 하이얏트, 서울 프라자, 신라 등 국내의 주요 호텔에서는 정보화 서비스로써 뉴스, 엔터테인먼트, 관광, 날씨 등 생활정보를 실시간으로 제공하고 있다. 이와 같이 호텔경영에 있어서 호텔정보시스템은 전략적으로 필수조건이 되었다. 이러한 호텔정보시스템의 품질은 물론이고, 호텔정보시스템의 품질에 상당한 영향을 미칠 것으로 여겨지는 EDP내부통제에 대한 연구가 어느 정도 진행되어 왔다. 그러나 지금까지의 연구는 EDP내부통제는 주로 회계학 분야에서 연구되어 왔다. 호텔정보시스템의 품질에 대해서는 경영정보시스템(MIS) 분야에서 주로 연구되어 왔다. EDP내부통제가 호텔정보시스템의 품질에 상당한 영향을 미칠 것으로 여겨지지만 이에 대한 종합적이고도 실증적인 연구가 이루어지지 않았다. 따라서 본 연구는 EDP내부통제가 호텔정보시스템의 품질에 어떠한 영향을 미치는지를 살펴본다. 나아가 EDP내부통제가 호텔의 경영성과와 직결되는 사용자 만족에 미치는 영향을 분석한다. 호텔정보시스템의 품질이 사용자 만족에 미치는 영향을 분석하여 EDP내부통제와 호텔정보시스템의 품질이 경영성과와 상당한 관계가 있는 사용자 만족에 어떻게 영향을 미치는지를 밝혀보고자 한다.

본 연구의 기존연구와의 차이점은 다음과 같다.

첫째, 호텔정보시스템의 EDP내부통제가 호텔정보시스템의 품질과 사용자 만족에 영향을 미치는지를 종합적으로 측정한다. 호텔정보시스템의 EDP내부통제는 일반통제와 응용통제로 구성되고, 호텔정보시스템의 품질은 정보 품질, 시스템 품질 그리고 서비스 품질로 구성된다.

둘째, 본 연구모형은 조직적 수준이 아니라 개인적 수준의 측정이므로 조직적 성과와의 직접적인 연결 대신에 사용자의 행위론적 관점에서 사용자 만족도를 측정하고자 한다.

셋째, 본 연구모형은 선행연구에서 EDP내부통제와 정보시스템의 품질이 사용자 만족 간의 관계를 별개로 연구해 온 것을 동시에 묶어 EDP내부통제가 정보시스템의 품질에 영향을 미치는지를 분석하여

EDP내부통제와 정보시스템의 품질을 통합하여 연구모형을 제시한다.
　넷째, 호텔정보시스템을 대상으로 EDP내부통제와 품질을 종합적으
로 측정하는 최초의 실증적 연구라는 점이다.

5. 연구의 방법

　본 연구는 문헌연구와 실증연구의 두 가지 방법을 병행한다. 우
선 문헌연구는 호텔정보시스템의 EDP내부통제, 품질 그리고 사용
자 만족과 관련된 각종 이론과 제 관계에 대한 선행연구들을 각종
문헌을 통해 연구의 이론적 배경을 설정하였다. 즉 연구의 목적을
달성하기 위하여 호텔정보시스템의 EDP내부통제와 품질에 관련된
선행연구들로서 호텔정보시스템, EDP내부통제, 정보 품질, 시스템
품질, 서비스 품질, 사용자 만족 등에 관한 연구문헌들을 검토하여
연구 과제를 연역하고, 실무적이면서 구체적인 자료를 이용하여 실
증분석 방법을 적용한다. 실증연구는 앞의 문헌연구들을 바탕으로
호텔정보시스템의 사용자 만족을 검증하기 위한 호텔회계정보시스
템의 EDP내부통제와 품질의 영향요인을 추출하고, 사용자 만족 검
증을 위한 연구모형 및 연구가설을 설정한다.

서 론	
연구배경, 문제제기, 연구목적	연구의의, 연구방법, 연구구성

↓

문 헌 연 구					
호텔정보 시스템	EDP내 부통제	호텔정보 시스템 품질	EDP내부통제 + 호텔정보 시스템 품질	EDP내부통제 + 사용자 만족	호텔정보 시스템 품질 + 사용자 만족

↓

방 법 론		
측정척도의 개발	**표본의 설계**	**실증분석**
• 일반통제 • 응용통제 • 정보 품질 • 시스템 품질 • 서비스 품질 • 사용자 만족	• 서울지역 특1급, 　특2급 호텔 대상 • 호텔종업원 대상	• 신뢰성 분석 • 요인분석 • 확인요인분석 • 상관분석 • 회귀분석 • 공변량구조분석

↓

자 료 분 석
• 사용자 만족의 속성 도출 • 호텔정보시스템의 EDP내부통제 정도 파악 • 호텔정보시스템의 품질요인 파악 • 각 요인별 인과관계 분석 • 호텔정보시스템 EDP내부통제와 품질 간의 관계 • 호텔정보시스템 EDP내부통제와 사용자 만족 간의 관계 • 호텔정보시스템 품질과 사용자 만족 간의 관계

↓

결 론	
• 요약 및 시사점	• 연구의 한계 및 향후 연구방향

〈그림 1-1〉 연구의 흐름도

  실증분석을 위한 조사방법은 우리나라 호텔기업 중 호텔정보시스템이 어느 정도 도입·활용되고 있다고 판단되는 특1급, 특2급 호텔을 대상으로 하는 설문지법을 이용하였다. 설문지는 서울 시내에 위치한 특1급 호텔과 특2급 호텔의 직원을 대상으로 방문조사로 자료를 수집하여 연구모형에 따른 호텔정보시스템의 사용자 만족에 대한 연구가설을 실증적으로 검증한다.

  본 연구의 목적을 달성하기 위하여 호텔정보시스템의 EDP내부통제와 품질에 관련된 선행연구들로서 호텔정보시스템, EDP내부통제, 정보 품질, 시스템 품질, 서비스 품질 그리고 사용자 만족 등에 관한 연구 문헌을 검토하여 연구 과제를 연역하고, 실무적이면서 구체적인 자료를 이용한 실증분석 방법을 적용한다.

  수집된 자료의 실증분석은 SPSS10.0 통계패키지 프로그램과 AMOS4.1을 이용하여 빈도분석, 기술통계분석, 신뢰도분석, 요인분석, 확인요인분석, 상관관계분석, 다중회귀분석을 실시한다. 그리고 AMOS를 이용한 공분산 구조모형의 분석을 한다.

  연구의 흐름도는 <그림 1-1>과 같다.

6. 연구의 구성

  본 연구는 전체 5개의 장으로 구성된다. 제1장에서는 연구의 배경, 문제의 제기, 연구의 목적, 연구의 의의, 연구의 방법 그리고 연구의 구성을 제시한다. 제2장에서는 이론적 배경으로 본 연구의 주요 개념인 호텔정보시스템, EDP내부통제, 호텔정보시스템 품질 그리고 사용자 만족과 관련된 문헌을 검토한다. 제3장에서는 연구모형을 제시하고 가설을 설정한 후, 조사 설계 및 분석을 위한 표본, 자료수집절차 그리고 분석방법을 기술한다. 제4장에서는 조사 자료의 실증분석으로 측정모형의 평가와 회귀분석과 AMOS를 이용한 구조방정식모형의 분석결과를 토대로 가설을 검증하고 결과를 해석한다. 제5장에서는 연구결과에 대한 요약 및 논의, 이론적 그리고 시사점과 본 연구가 지니고 있는 한계점과 향후 연구 과제 등을 제시한다.

Ⅱ. 호텔정보시스템과 EDP내부통제

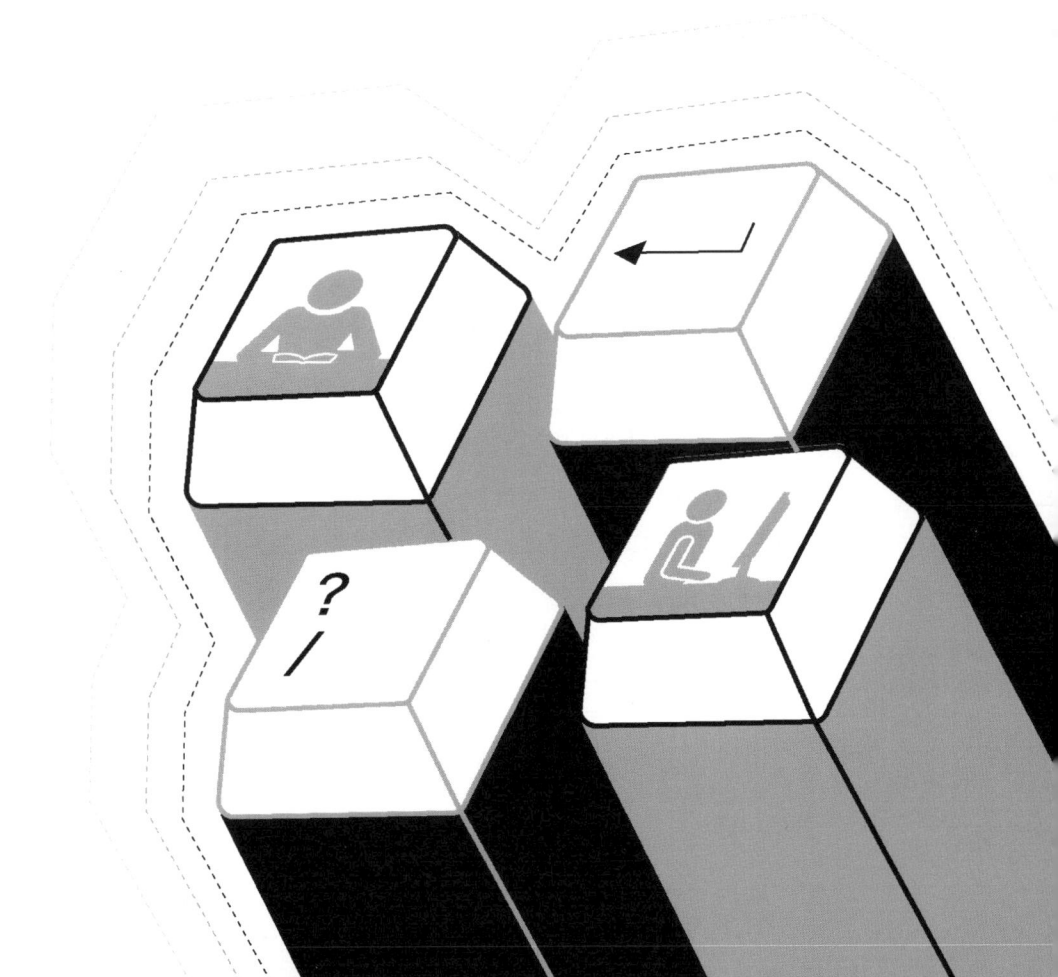

1. 호텔정보시스템(Hotel Information Systems)

1) 호텔정보시스템의 특성

호텔의 영업은 연중무휴인 365일 24시간 영업이 그 특징이라 할 수 있다. 그러므로 호텔정보시스템도 365일 24시간 가동되어 영업활동에 필요한 정보를 제공한다. 호텔정보시스템의 가용시간은 타 산업의 정보시스템보다 높다. 이러한 호텔정보시스템의 특징은 다음과 같다(박희석, 2001).

첫째, 호텔정보시스템을 주간과 야간으로 나누어 소속이 다른 직원이 운영한다. 즉 야간에 프론트 부서에 근무하는 나이트 오디터(night auditor)가 호텔정보시스템 부서 직원이 없는 야간 동안에 일어난 고객의 정보 등을 마감하여 익일 아침에 경영진에 보고한다. 만약 정보시스템에 이상이 있으면 정보시스템 담당자와 연락을 취해 해결하고, 일반적으로 호텔정보시스템 부서 직원이 없는 중에도 호텔정보시스템은 24시간 가동된다.

둘째, 호텔정보시스템의 자료처리는 실시간(real-time)으로 처리하여 시스템손상 등의 경우 최신의 정보를 복구하여 피해를 최소화할 수 있도록 만약의 사태에 대비하고 있다.

셋째, 호텔 내부의 정보사용자의 종류가 다양하여 이에 알맞은 호텔정보시스템이 필요하다. 즉 객실관련 업무를 관리하는 프론트 업무, 교환실 업무, 객실관리 업무 등은 Front Office 시스템을 사용하고, 레스토랑 및 연회장을 관리하는 식·음료 부서의 업무는 POS(point of sale) 시스템을 주로 사용한다. 그리고 Front Office 시스템과 POS 시스템에서 발생하는 자료를 자동으로 이관하여 고객에 대한 매입·매출 관리를 하는 관리부서는 Back Office 시스템을 사용한다.

〈표 2-1〉 서울 시내 특급 호텔의 사설교환기 장치 현황

호 텔				자동화 서비스 시스템 기능											
등급	호텔명	PABX명	도입시기	모닝콜	음성사서함	영수증검색	전화자동	호텔안내	인터넷	전자우편	팩스	전자열쇄	비디오상영	EDI	Mobile
특1급	(주)신라호텔	INFOREX	1996	○	○	○	○	○	○	○	○	○	○	○	○
	(주)호텔롯데	NEAX7500	1999	○	○	○	○	○	△	△	○	○	○	○	×
	(주) 호텔롯데월드	NEAX2400	1980	○	○	○	○	○	△	△	○	○	○	○	×
	호텔아미가	INFOREX	1995	○	○	○	○	○	○	△	○	○	○	○	○
	그랜드하얏트 서울	Simens Hicom 350	2001	○	○	○	○	○	○	○	○	○	○	○	○
	서울 힐튼 호텔	Meridian-81c	1997	○	○	○	○	○	○	○	○	○	○	○	○
	래디슨프라자 호텔	CBX Ⅱ	1998	○	×	○	○	○	△	△	○	○	○	○	○
	웨스턴조선 호텔 서울	Simens	1998	○	○	○	○	○	○	○	○	○	○	○	○

등급	호텔			자동화 서비스 시스템 기능											
특1급	스위스그랜드호텔 서울	NEAX7400	1997	○	○	○	○	○	○	○	○	○	○	○	○
	쉐라톤워커힐 호텔	NEAX2400	1985	○	○	○	○	○	○	△	○	○	○	○	○
	호텔 인터컨티넨탈 서울	NEAX7400	2001	○	○	○	○	○	○	○	○	○	○	○	○
	코엑스인터컨티넨탈 서울			○	○	○	○	○	○	○	○	○	○	○	○
	호텔 리츠칼튼 서울	NEAX2400	1994	○	○	○	○	○	△	△	○	○	○	△	○
	르네상스 서울 호텔	NEAX7400	1998	○	○	○	○	○	○	○	○	○	○	○	○
	메리어트 호텔 서울	NEAX7400	2000	○	○	○	○	○	○	○	○	○	○	○	○
특2급	노보텔 앰버서더 강남 서울	MERIDIAN-1	1995	○	○	○	○	○	○	○	△	○	○	○	○
	노보텔 앰버서더 독산 서울	MERIDIAN-1	1997	○	○	○	○	○	△	△	△	○	○	△	△
	호텔 소피텔 앰버서더	CBX8000	1986	○	×	×	○	×	×	×	△	×	○	×	×
	올림피아호텔 서울	삼성SDSL	1988	○	×	×	○	×	×	×	△	×	○	×	×
	홀리데이인 서울	NEAX2400	1991	○	×	×	○	×	×	×	△	×	○	×	×
	(주) 호텔 뉴월드	삼성500MD	1987	○	×	×	○	×	×	×	△	×	×	×	×
	서울로얄 호텔	SDSL	1988	○	×	×	○	×	×	×	△	×	○	×	×
	호텔 리베라	INFOREX	1997	○	×	×	○	×	×	×	△	×	○	×	×
	세종호텔	INFOREX	1996	○	×	×	○	×	×	×	△	×	○	×	×
	호텔 캐피탈	금성STARGX	1988	○	×	×	○	×	×	×	△	×	○	×	×
	(주) 코리아나 호텔	삼성SDXL	1988	○	×	×	○	×	×	×	△	×	○	×	×
	(주) 타워호텔	금성STARGX	1996	○	×	×	○	×	×	×	△	×	○	×	×
	서울 팰래스호텔	금성STARGX	1992	○	×	×	○	×	×	×	△	×	○	×	×

호 텔			자동화 서비스 시스템 기능									
프레지던트 호텔	삼성SDXL	1989	○	×	×	○	×	×	×	△	×	×	×	×
뉴맨하탄 호텔	삼성SDXL	1988	○	×	×	○	×	×	×	△	×	×	×	×
호텔 엘루이	삼성 SDXL—VL2	1992	○	×	×	○	×	×	×	△	×	○	×	×

* 자료: 박희석(2001) X: 미도입, △: 일부 도입, ○: 도입

넷째, 최근 호텔들이 주로 사용하고 있는 정보화 기기는 사설교환기를 이용한 호텔객실 자동화 정보시스템으로써 이는 호텔의 서비스수준을 평가하는 척도가 되기도 한다. 고객은 전화교환기를 이용하여 자동화된 서비스를 제공받을 수 있다. 서울 시내에 소재하는 특1급, 특2급 호텔의 사설교환기 장치 현황은 <표 2-1>과 같다.

다섯째, 고객을 직접 접하는 Front Office 직원과 POS 시스템을 사용하는 직원은 호텔정보시스템이 제공하는 서비스의 품질에 따라 고객으로부터 칭찬과 재방문을 이끌어 낼 수도 있고 혹은 불평과 타 경쟁호텔로 고객을 잃을 수도 있다. 리츠칼튼호텔의 경우 단골고객이 프론트에 나타나는 순간 고객이 선호하는 명칭을 불러줌으로써 고객이 친밀감을 느끼도록 한다. 그리고 객실의 배치나 편의용품(amenities), 취향에 맞는 서비스를 세계 어디에 있는 어느 리츠칼튼호텔을 가더라도 동일한 서비스가 제공되도록 하고 있다. 이는 호텔정보시스템이 제공하는 서비스의 결과라고 할 수 있다. 호텔정보시스템의 도입효과를 살펴보면 <표 2-2>와 같다.

〈표 2-2〉 호텔정보시스템의 도입효과

Front Office 시스템	Back Office 시스템
• 예약등급에 의한 효율적인 객실관리 • no-show 분석 및 취소여부 파악으로 공실의 극소화 • 단골고객 분석에 의한 고객관리 • check-in 시간단축 및 정확성에 의한 서비스 향상 • 투숙객 현황 항시 파악 가능 • 명세서의 계산, 검색시간 단축 • 즉시 원장전기로 도난 방지 • check-out시 계산의 신속성, 정확성 • 각종 정보업무의 신속성 • 전반적인 서비스 향상 • 의사소통의 개선 • 프론트 담당직원의 사기앙양	• 현금흐름의 즉시 파악 • 경영정보 제공으로 신속·정확한 의사결정 • 누적자료에 의한 경영분석 및 예측 • 정확한 원가관리에 의한 상품 경쟁력 향상 • 악성 미수금의 현황 수시 파악 가능 • 관리효율의 증진 • 고객원장의 실시간 기록 • 강력한 내부통제 가능 • 개선된 정보에 의한 합리적인 업무 관리 • 야간감사업무의 향상 • 포괄적인 경영보고서 산출 가능

* 자료; 박희석(2001), 논자 보완

2) 호텔정보시스템의 종류

호텔정보시스템은 일반적으로 Front Office 시스템, Back Office 시스템, POS 시스템, Interface 시스템으로 구성되어 있다(김정만 외 2, 1998). 호텔정보시스템의 종류별 업무내용은 <표 2-3>, 호텔정보시스템의 구성도는 <그림 2-1>과 같다.

Front Office 시스템은 일반적으로 고객과 직접적인 접촉을 통하여 매출을 발생시키는 영업부문의 업무를 지원하는 시스템을 말한다. 호텔의 방문고객을 최초로 영접하여 체류하는 동안의 안내와 호텔을 떠날 때 환송하는 Front Office 업무를 지원하는 시스템이다. 다시 말하면, Front Office 시스템은 주로 호텔영업활동, 즉 업무활동이 수익창출과 직접 관련이 있는 부문인 현관, 객실, 식음료, 마케팅, 영업회계

등의 업무인 체크인/체크아웃, 객실예약, 하우스키핑, 교환실, 벨데스크, 외상매입금, 판촉관련 정보 등을 온라인으로 연결하여 고객에 서비스를 제공하는 정보시스템이다.

Back Office 시스템은 Front Office에서 발생된 매출액의 집계와 분석 그리고 호텔영업 및 호텔관리를 위한 제반 업무를 지원하는 시스템이다. 호텔의 모든 영업활동을 지원하는 호텔관리활동, 즉 업무활동이 주로 비용발생과 관련이 있는 부문인 일반회계, 구매관리, 재고관리, 원가관리, 인사·총무관리 등의 업무를 지원하기 위한 시스템이다(허정봉, 1996).

POS(point of sale) 시스템의 주된 업무는 호텔 내에 설치되어 있는 다양한 레스토랑, 바, 헬스클럽, 커피숍, 수영장과 같은 부대시설에서 사용되는 매출을 관리하는 시스템으로서 일반적으로 업장관리시스템이라고도 하며, 판매시점 정보관리시스템이라고도 한다(김정평, 1986; 선종환, 1997). POS 시스템에서는 캐셔기능, 메뉴 판매분석 기능, 서브기능, 주방 주문기능, 주방 조리기능뿐만 아니라 다양한 부대시설의 고객 및 매출관련 정보를 온라인(전자금전등록기)으로 연결하여 고객에 서비스를 제공한다(김천중, 1998; 박종찬, 1999).

〈표 2-3〉 호텔정보시스템의 종류별 업무내용

구 분	담당업무	정보시스템 내용
프론트 오피스 시스템	예 약	-객실고객 및 업장고객의 예약을 받는다
	프론트캐셔	-환전업무와 객실고객의 체크아웃을 돕는다
	프론트클럭	-객실고객의 체크인을 돕는다.
	하우스키핑	-객실청소 상태를 점검한다.
	교환실	-모닝콜, 음성사서함 등 안내서비스를 한다.
	벨데스트	-메시지를 출력하여 전달한다.
	마케팅	-객실에 대한 수요 및 예측을 한다. -마케팅전략의 기초가 될 자료를 수집한다.
	경영진	-실시간으로 객실현황을 점검한다.

구 분	담당업무	정보시스템 내용
백 오피스 시스템	인사·급여	─종사원의 인사 및 급여를 관리한다.
	경리·회계	─매입·매출관리를 한다.
	검수·구매	─자재에 대한 검수 및 구매를 관리한다.
	고객관리	─호텔이용고객을 관리한다.
	원가관리	─호텔경영에 필요한 비용분석을 한다.
	시설관리	─호텔시설에 대한 관리를 한다.
	경영진	─경영전략을 위한 자료를 수집한다.
업장 관리 시스템	주 방	─고객주문이 자동으로 전달되어 조리한다. ─레시피 관리가 된다.
	레스토랑	─고객의 주문을 주방으로 자동으로 전달한다. ─객실고객 영수증을 구분해 처리·발급한다. ─고객신상 정보에 의해 서비스를 제공한다.
인터 페이스 시스템	전화요금산출	─객실고객의 전화사용에 대한 내역 및 요금을 산출한다.
	에너지관리	─객실의 전열, 난방에너지를 자동관리한다.
	전자잠김	─마그네틱에 의한 객실입구를 관리한다.
	음성사서함	─고객 부재 시 상대방 음성으로 메시지가 전달된다.
	인터넷	─객실 내에서 인터넷 검색 및 전자우편을 사용한다.
	영수증검색	─객실 내의 TV를 통하여 사용내역을 볼 수 있다.
	비디오상영	─다양한 영화를 볼 수 있으며 자동으로 요금이 산출된다.
	미니 바	─객실에서 소비한 냉장고의 내용물 및 요금이 산출된다.
	고객이름호출	─고객이 객실에서 전화를 걸면 객실번호와 이름이 나타남으 로 이름을 불러준다.

* 자료: 허정봉(2000)

  POS 시스템을 도입하면 영업장 내의 업무가 신속, 정확해지는 직접
효과와 정보의 발생시점에서 즉시 자료를 수집할 수 있으며, 이를 가
공·분석하여 활용함으로써 발생하는 간접효과, 고객관리 효과, 종업원
관리효과를 얻을 수 있다(박봉두·이헌수, 1993). 호텔정보시스템의 구
성은 다양하게 세분화되어 있고 여기서 출력되는 자료도 분산되어 관
리될 수 있다.

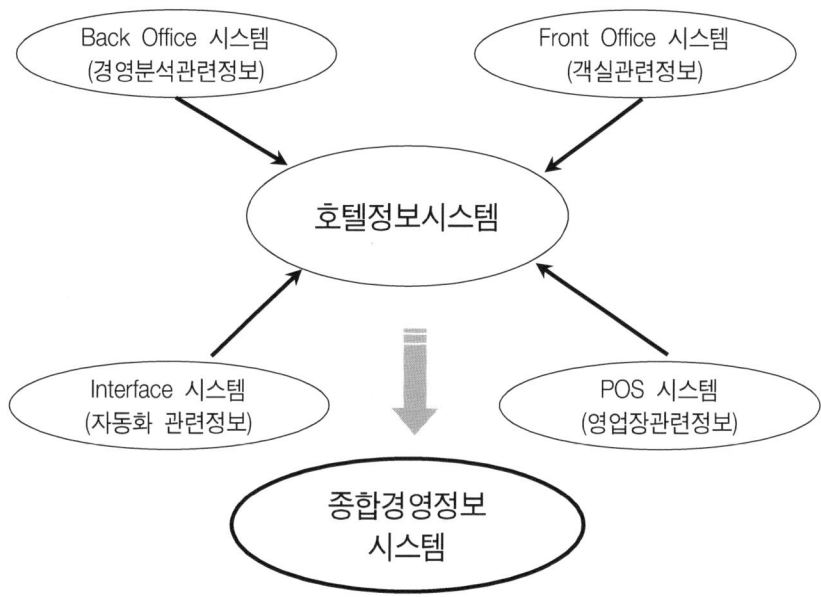

* 자료: 허정봉(2000), 논자 보완

〈그림 2-1〉 호텔정보시스템의 구성도

Interface 시스템은 분산된 자료를 하나로 통합시키는 역할을 수행하는 것이다. 컴퓨터와 주변장치, 컴퓨터와 통신회선 등과 같이 두 시스템이나 장비를 연결할 때 공통되는 경계 부분 또는 그러한 일을 담당하는 물리적인 전자회로나 소프트웨어를 말한다(정승환, 2001). 객실에서 출력되는 객실정보, 업장에서 제공되는 업장정보 등을 통합하여 고객 및 종업원을 위한 정보자료로 이용될 수 있도록 도와주는 통합시스템 역할을 하는 시스템이다(허정봉, 2000). 서울 시내 특1급 호텔의 호텔정보시스템 현황은 <표 2-4>와 같다.

〈표 2-4〉 서울 시내 특1급 호텔의 호텔정보시스템 현황

시스템명 / 호텔명	Front Office 시스템	Back Office 시스템	POS 시스템
(주)신라호텔	HIS	자체개발	MICROS POS8700
(주)롯데호텔 (주)호텔 롯데월드	L-HIS	L-HIS	NCR
호텔 아미가	CSS	CSS	PC-POS
그랜드하얏트서울	HYAd 4.0	Scala 5.1	MICROS POS8700
서울 힐튼호텔	FIDELIO6.20	자체개발	MICROS POS8700
그랜드 힐튼	FIDELIO	자체개발	MICROS POS
웨스틴조선호텔서울	FIDELIO6.12	자체개발	MICROS POS

호텔 인터콘티넨탈 서울
 	
그랜드 인터콘티탈 서울
	FIDELIO	-FIDELIO
		  *F&B 시스템
		-Ideal
		  *Yield Mgt
		   시스템
		  *Catering, Salea &
		   Marketing 시스템
			MICROS POS8700

호텔 리츠칼튼 서울	FIDELIO	-HIS *Accounting -자체개발	MICROS POS8700
르네상스 서울호텔	FIDELIO	자체개발	MICROS POS8700
쉐라톤워커힐호텔	GEAC	자체개발	PC-POS
래디슨프라자호텔	FIDELIO	자체개발	NCR
호텔 메리어트	FIDELIO	자체개발	MICROS POS

* 자료: 박희석(2001), 허정봉(2000)

3) 호텔정보시스템에 관한 선행연구

정보시스템에 관한 연구는 일반 경영정보학 분야에서 일반기업을 대상으로 많이 연구되었으나, 호텔정보시스템에 관한 실증연구는 국·내외를 막론하고 부족한 실정이다. 더욱이 몇 안 되는 선행연구의 대부분이 개념적이거나 탐색적인 연구를 벗어나지 못하고 있는 실정이다. 선행연구들을 분야별로 나누어 설명하면 다음과 같다.

첫째, 호텔업무에 있어서 호텔정보시스템을 도입하여 기존의 수작업을 대체해야 함의 필요성을 설명하며 호텔정보시스템의 개념의 정립과 도입실태를 분석한 연구는 김권수(2000a), 허정봉(1997), 김영문·손달호(1997), 박희석(1995), 박준성(1992)의 연구가 있다.

둘째, 호텔정보시스템을 활용하여 경쟁우위를 점할 수 있다는 호텔정보시스템의 긍정적인 효과인 호텔정보시스템의 전략적 활용에 관한 연구는 김권수(2000b), 김정만(1999), 김영문(1998), 정경훈·김용겸(1996), 이창기·김홍범(1996)의 연구가 있다.

셋째, 호텔정보시스템이 사용자 만족과 경영성과에 영향을 미치는 변수들 간의 관계를 분석하여 호텔정보시스템을 효율적으로 활용하기 위한 호텔정보시스템이 경영성과에 미치는 영향에 관한 연구는 박희석(2001), 허정봉(2001), 김정만·조문수·문태수(1998), 김태인(1994)의 연구가 있다.

넷째, 호텔정보시스템을 효율적으로 활용하는 방안으로써 특히 예약업무에 대한 호텔 예약시스템의 효율적인 방안을 모색한 연구는 강민철(2000), 구태회·손재근(2000), 박종원(1994), 김영귀(1992)의 연구가 있다.

다섯째, 호텔정보시스템을 효율적으로 활용하기 위해 기존의 업무지원보다는 호텔정보시스템의 구축방안을 모색한 연구는 박충희(1999), 강경재(1993), 김지현(1993)의 연구가 있다.

여섯째, 호텔정보시스템의 수익과 비용의 비교·분석과 내부통제를 회계학적인 측면에서 접근한 호텔 회계정보시스템에 관한 연구는 유희경·윤지환(2000), 이윤규(2000), 최해수·조정환(2000), Downie(1997), 양창식(1995)의 연구가 있다.

이상의 선행연구에서 보는 바와 같이 호텔정보시스템의 도입과 개념 정립, 호텔정보시스템의 구축, 호텔정보시스템의 실무에 활용방안, 호텔정보시스템이 경영성과에 미치는 영향 그리고 호텔 회계정보시스템에 관한 연구가 행해졌지만 아직도 미흡한 부분이 많은 실정이다. 특히 지금까지 연구되어 온 호텔정보시스템의 품질과 호텔 회계정보시스템의 일부인 EDP내부통제가 사용자 만족에 미치는 영향을 종합적으로 분석한 연구는 아직 전혀 없는 실정이다.

2. EDP내부통제

내부통제(internal controls)는 바람직하지 않은 사건의 발생빈도를 줄이거나 그로 인한 부정적인 영향의 노출을 감소시킬 목적으로 존재하는 통제요인이다. Weber(1988)는 "발생 가능한 오류에 대하여 이를 사전에 예방하고, 사후에 발견하며, 오류를 사후에 교정하여 정보시스템의 효과성을 유지시켜 주는 내부통제의 방법, 절차들로 구성"되는 것이 내부통제라고 했다. 김희철(1998)은 내부통제를 "기업의 전산업무 수행과정에서 발생되는 정보시스템의 역기능 및 오류를 방지함으로써 정보시스템의 안전과 보안을 도모하고자 하는 조직 내부의 관리방법과 절차"라 했다. 여기서 안전(security)은 정보시스템의 자료입력으로부터 출력정보의 활용에 이르는 전 과정에 대한 검토와 평가를 통해 정보시스템의 정확성(accuracy), 무결성(integrity) 그리고 안정성(safety)을 확보하는 것이 그 목적으로, 정보시스템 자체를 검토대상으로 효율적인 내부통제를 통해 이를 보증하는 것을 의미한다(O'Brien, 1996).

내부통제(internal controls)의 개념은 회계감사목적의 변화와 회계감사 접근방법의 변화에 따라 변화되어 왔다. 부정이나 오류의 적발을 위한 회계감사로부터 회사의 재무상태와 경영성과의 적정표시 여부를 확인하는 회계감사로 목적이 바뀌면서 감사인은 회사 내부에 존재하고 있는 내부통제제도를 회계감사에 이용하게 된다.

경영환경이 전산화되어 EDP환경으로 변화함에 따라 EDP내부통제(electronic data processing internal controls)에 대한 기업의 관심이 증가하고 있다. 왜냐하면, 컴퓨터를 통한 고의적인 범죄행위와 착오에 의한 정보입력의 오류, 해커의 침입 등 정보시스템이 가지고 있는 기능에 악영향을 미치는 피해를 최소화하기 위한 관리적 활동을 EDP내부통제라 할 수 있다. 기업의 정보시스템은 EDP내부통제에 의해 정상적으로 운영될 수 있고, 또 EDP내부통제는 정보시스템의 신뢰성, 유효성 및 효율성의 확보에도 도움이 된다. 정보시스템에 있어서 통제가 필요한 이유는 다음과 같다(김희철, 1998; 황인탁, 1997; 안중호, 1990).

첫째, 정보시스템은 많은 양의 자료를 고속으로 처리한다. 따라서 오류가 발생할 가능성도 많은데, 이러한 오류를 막기 위해 통제가 필요하다.

둘째, 정보시스템은 인간이 이해할 수 없는 언어로 자료를 수집, 처리, 저장하기 때문에 이렇게 저장된 정보들이 정확한 상태로 되어 있는지 확인할 필요가 있으며 대량복사가 가능하다.

셋째, 개인신상정보의 종합적 이용이 가능해져 프라이버시 침해문제가 등장하고 있다.

넷째, 정보시스템은 직접적, 간접적으로 조직의 자산을 통제하기 때문에 이러한 조직의 자산이 우연한 잘못이나 고의적인 조작으로부터 보호되도록 하는 것이 중요하다.

다섯째, 정보시스템은 데이터의 휘발성이 강하여 감사추적을 남기지 않기 때문에 이러한 감사추적을 유지보관하기 위해 통제가 필요하다.

여섯째, 정보시스템은 네트워크로 연결되어 불특정 다수가 접근할 수 있는 정보환경이 확대되어 사회 전체적으로 영향을 미칠 수 있으므로, 정부의 규제요구에 따라 통제장치를 마련하는 경우가 많다.

EDP내부통제는 자산을 보호하고 회계자료의 신뢰성과 정확성을 보장하며, 경영능률을 증진시키고 경영정책을 준수하도록 촉진시키기 위하여 기업이 채택하는 조직계획 및 통합된 일체의 방법과 수단들로 구성된다. 이는 회계정보시스템의 성과에 큰 영향을 미칠 것은 분명할 것이다. 왜냐하면 기업의 EDP내부통제는 통제의 필수적인 부분으로 특별히 회계정보시스템에 작용하여 정확하고 신뢰할 수 있는 정보제공과 자산보호가 가능하기 때문이다.

EDP내부통제시스템에서의 내부통제는 일반통제(general controls)와 응용통제(application controls)로 분류할 수 있다(이효익, 2001). 일반통제와 응용통제를 정의하기 위해서는 우선적으로 통제에 대한 정의가 필요하다. 통제를 발생 가능한 오류와 노출상황과의 관계에서 설명하면 일반통제와 관련되어 응용통제를 통하여 오류가 발생한다. 오류는 기업의 자산가치의 감소, 비능률적인 경영, 부정 등으로 인한 기업의 경쟁력 약화를 초래해 결과적으로 기업의 이익감소를 가져온다. 따라서 발생 가능한 오류를 최소화하기 위해서는 EDP내부통제구조를 정확히 구축해야 한다. Weber(1988)도 정보시스템 통제를 일반통제와 응용통제로 나누었다. Weber는 일반통제로 경영관리통제, 시스템 개발통제, 프로그램 작성통제, 데이터베이스 관리통제 및 시스템 운영통제를 들고, 응용통제로는 입력준비통제, 검색 및 데이터통신통제, 입력통제, 처리통제, 출력통제, 감사추적통제 그리고 장애복구통제를 포함시켰다. Watne & Turney(1990)는 일반통제로 조직 및 운용통제, 시스템 개발 및 문서화 통제, 하드웨어와 소프트웨어 통제 그리고 시스템 보안통제 등을 들고 있고, 응용통제에는 입력통제, 처리통제 및 출력통제를 들고 있다.

1) 일반통제

일반통제는 전산처리의 일반업무와 모든 개별 전산업무에 공통으로 적용되는 통제로서 정보시스템이 적절히 조직·개발·운영·유지될 수 있도록 통제하는 절차를 말한다. 일반통제는 정보처리업무를 관리하기 위한 경영관리적인 기능을 수행하는 조직관리적인 측면의 통제로 조직 전반에 걸쳐 작용하는 통제이고 모든 적용 시스템에 걸쳐서 영향을 주는 통제이다. 일반통제는 회사의 모든 전산업무처리에 공통으로 적용되는 통제절차로 응용통제를 수립하기 위한 기초가 되기 때문에 경영자 통제(management controls)라고도 불린다. 미국공인회계사협회(AICPA, 1977)에서는 일반통제를 조직 및 운영통제, 시스템개발 및 문서화 통제, 하드웨어 및 시스템 소프트웨어 통제, 접근 및 보안통제로 구분하고 있다(김희철, 1998).

(1) **관리통제**: 정보시스템 기본 계획, 역할의 명확한 분담, 인원의 선발과 훈련 및 배치, 문서화된 시스템과 절차 그리고 예산 및 사용자 관리시스템 등이 주 내용이다.

(2) **시스템 개발 및 문서화 통제**: 시스템 개발주기와 관련한 통제, 시스템 문서화에 대한 통제 그리고 프로그램 변경에 대한 통제로 구성되어 있다.

(3) **하드웨어와 시스템 소프트웨어에 대한 통제**: 하드웨어와 시스템

소프트웨어에는 구입할 때부터 통제기능이 내장되어 있어 필요
할 때에는 자동적으로 작동된다.
(4) **접근통제**: 시스템 이용에 대한 통제는 승인받은 사람에게만 프
로그램 문서와 프로그램 및 자료파일에 접근할 수 있도록 한다.

2) 응용통제

응용통제는 주요 거래유형을 처리하기 위해 작성된 개별 응용프로그
램(application program)에 대하여 컴퓨터가 수행하는 구체적 작업과
관련하여 적용되는 통제절차로서, 거래처리통제라고도 부른다. 즉 응용
통제는 회사의 개별적인 업무를 처리하기 위하여 직접 사용되는 업무처
리 프로그램의 통제이다. 이는 회사의 자산보호와 기록의 정확성 유지
를 위해 회계정보시스템이 능률적으로 작용될 수 있도록 자료의 입력,
처리, 출력단계에 설치되는 통제로 일반통제가 효율적으로 운영될 경우
에 유효하게 작용할 수 있다. 미국공인회계사 협회(AICPA, 1977)에서
는 응용통제를 입력통제, 처리통제, 출력통제 그리고 저장통제로 구분하
고 있다(김희철, 1998). EDP내부통제 유형은 <표 2−5>와 같다.

〈표 2−5〉 EDP내부통제의 유형

EDP내부 통제의 구분	주요 통제유형	통제절차의 예
일반통제	1. 조직 및 운용통제 2. 시스템개발과 문서화 통제 3. 하드웨어와 시스템 소프트웨어통제 4. 접근통제 5. 자료보존과 처리절차 통제	• 프로그래머와 오퍼레이터의 업무분장 • 컴퓨터 작동을 위한 작동메뉴얼의 구비 • 컴퓨터가 정상작동을 하지 않을 경우 모니터에 경고 자막 • 컴퓨터 및 파일자료에 접근하기 위해 비밀번호 혹은 방화벽 사용 • 백업파일의 유지 및 컴퓨터 작동의 통제절차 유지

EDP내부 통제의 구분	주요 통제유형	통제절차의 예
응용통제	1. 입력통제 2. 처리과정통제 3. 출력통제	• 업장별 매출거래자료의 입력오류 방지를 위한 입력 전 사전승인 및 합계 통제 • 객실요금 종류별 판매단가의 합리성 검증과 입력자료의 이중처리 방지 • 업장별 주문 처리부서에 의한 매출거래 보고서의 사후검토

* 자료: 이효익(2001), 논자 보완

(1) **입력통제**: 시스템에 필요한 자료가 제대로 입력되도록 취하는 제반 관리통제를 말한다. 실제로 컴퓨터에 의한 정보처리에 있어서 발생하는 대부분의 오류는 입력과정에서 발생한다. GIGO(garbage in, garbage out)는 입력통제의 중요성을 상징적으로 표현하는 것으로 잘못된 입력은 반드시 잘못된 결과를 만들어낸다.

(2) **처리통제**: 자료가 정확하게 입력되었다면 이를 제대로 처리하는 것도 중요하다. 처리통제는 연산과정에서 발생하는 오류를 줄이기 위한 것으로 의도되는 대로 수행되고 있는가, 프로그램이 적절하게 수행되고 있는가, 자료나 프로그램 논리에 오류나 하자는 없는가 등을 확인한다.

(3) **출력통제**: 출력통제는 처리된 결과가 완전한지의 여부를 확인하고 또 이 결과가 정해진 사용자에게 적시에 전달되는지를 관리통제하는 기능이다.

(4) **저장통제**: 자료자원을 보호하기 위한 기능이다. 대부분의 기업들은 백업파일을 별도로 보관하고 있다. 이것은 만일의 사태가 발생했을 경우에도 프로그램과 자료의 유실피해를 최소화하기 위한 것으로 대개의 경우 백업파일의 보관 장소는 현재 시스템이 설치된 장소가 아닌 안전한 곳이 좋다.

Zwass(1992)는 정보시스템의 오류는 관리통제의 부실로 비롯된다고 강조하고 프로그래머 및 시스템 분석자의 업무수행도 측정 및 평가, 시스템 프로젝트 관리 그리고 컴퓨터 운영통제로 나누어 관리통제를 제시했다. 여기서 프로그래머 및 시스템 분석자의 업무수행도 측정 및 평가는 그들이 수행했거나 수행 중인 프로젝트별로 업무를 분류하여 어떻게 매일의 시간을 썼는가를 설명하게 하는 시간보고 시스템을 채택하고, 주기적으로 진도분석을 하고 실행결과의 사후추적을 통한 시스템 프로젝트 관리를 주장했다. 또한 컴퓨터 운영통제는 자료처리 일정계획과 관련되어 있으므로 운영통제를 통해 가능한 한 모든 이용가능한 장비의 생산적 이용을 최대화하는 방향으로 각기 들어오는 작업을 할당할 수 있다고 했다(김희철, 1998). 일반통제와 응용통제의 관계는 <그림 2-2>와 같다.

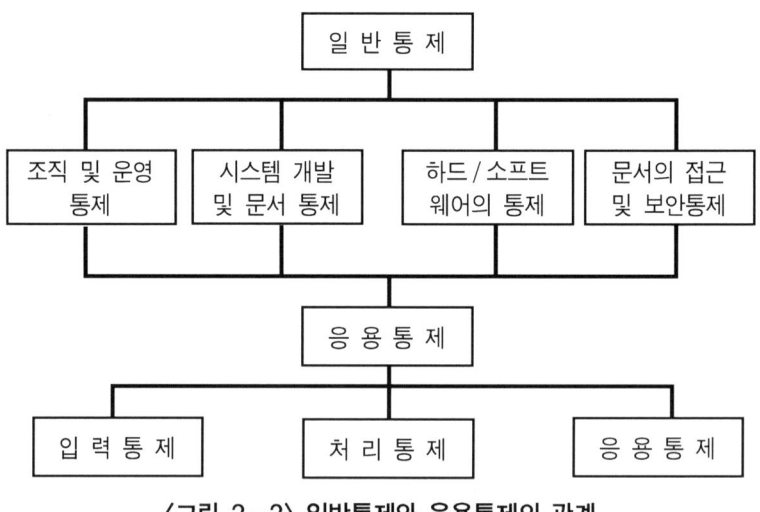

〈그림 2-2〉 일반통제와 응용통제의 관계

3. 호텔정보시스템의 EDP내부통제

1) 호텔정보시스템 EDP내부통제의 필요성

호텔 EDP내부통제시스템의 자료처리는 새로운 개념이거나 기능이 아니다. 손님이 호텔에 도착해 체크인하여 체크아웃해 떠날 때까지 모든 회계과정은 자료처리로 이루어진다. 특히 오늘날의 호텔의 자료처리는 호텔정보시스템에 의해 이루어진다. 그러므로 호텔들이 직면하고 있는 EDP시스템 조정의 어려움과 EDP내부통제 취약성에 대한 몇 가지 이유를 들면 다음과 같다(양창식, 1995; Geller, 1991).

첫째, EDP환경하에서는 수작업에서보다 자료와 원시증빙을 처리하는 데에는 전체적으로 보고 감지하는 것이 다르다. 저장된 많은 자료와 입력물들은 EDP환경하에서는 수작업과는 달리 직접 눈으로 볼 수 없다. 그리고 전자적 또는 자기매체로 저장되고 기계적인 조작 없이 판독과 조정이 불가능하다.

둘째, 자료 또는 프로그램은 판독할 수 있는 양식 내에서 변환되며 항상 이해 가능한 상태로 준비되어 있지도 않다.

셋째, 저장매체는 일상적으로 자기디스크 또는 테이프로서 인쇄매체보다 파손되기 쉽다. 화재나 홍수 시에 인쇄매체도 전자나 자기매체처럼 파손될 수 있지만 전자나 자기매체는 적정온도에서도 먼지, 담배연기, 습기에 매우 민감하다.

넷째, 새로운 매체수단의 저장 면에 있어서 좁은 공간에 많은 자료를 저장할 수 있다. 이를 집중성이라 하는데 집중된 만큼 부정이나 우연으로 손실될 위험도 커지기 마련이다. 예를 들면 호텔의 모든 고객

외상매입금은 하나의 디스크상에 보존시킬 수 있다. 만일 그 디스크가 파괴되든지 손상되어 판독할 수 없을 때 호텔에서는 즉시 고객계정들의 전체적인 자료들을 잃게 될 것이다.

다섯째, 많은 관리자들은 컴퓨터로 자료를 처리하는 것을 두려워하며, 더욱 안타까운 것은 외부감사인들조차 컴퓨터에 자신이 없어 호텔의 감사 시 모두 잘되고 있다고 판단하는 것을 종종 볼 수 있다.

이상에서 보는 바와 같이 호텔정보시스템이 일반화됨에 따라 수작업처리에서와 다른 취약점이 존재하게 되므로 호텔경영진은 이에 대처할 수 있는 EDP내부통제시스템을 구축할 필요가 있다.

2) 호텔정보시스템의 정보보안

최근 서울 시내 모 백화점의 고액거래 고객의 정보가 백화점 내부직원과 정보브로커를 경유하여 범죄자에게 입수되어 백화점 고객이 범죄의 표적이 되어 재산과 생명을 잃었다. 마찬가지로 호텔정보시스템의 정보도 범죄자들의 표적 정보가 될 수 있음을 감안하여 정보보안에 대한 대책이 요구된다.

정보보안은 정보의 수집·가공·저장·검색·송신·수신 중에 정보가 훼손되거나 변조 또는 유출되는 것을 방지하기 위한 기술적인 수단이나 통제과정을 말한다. 정보보안은 디지털시대에 가장 중요한 이슈로 인터넷비지니스의 발전과 세계적인 정보기술발전의 가장 중요한 인프라스트럭처이다. 호텔정보시스템에 대한 정보보안은 호텔정보시스템보안과 호텔의 인터넷서비스에 대한 보안으로 나눌 수 있다. 호텔정보시스템보안을 위해서는 해킹방지기술이 필요하고 호텔의 서비스보안을 위해서는 암호기술이 필요하다. 문제는 이 두 가지가 동시에 발전해야만 의미가 있는데, 현재는 이 두 가지가 동시에 호텔정보시스템을 안전하게 보장하기에는 충분하지 못한 실정이다. 호텔정보시스템보안과 호텔의 서비스보안이 동시에 발전해야만 하고 상호보완적인 역할을 해야 하는 이유는 아무리 안전한 암호기술을 구사하더라도 호텔정보시스템에 침투하는 해킹을 막지 못하면 그 암호기술은 결국 무용지물이 되기 때문이다. 해커들은 공격하기 어려운 주 서버(main server)를 직접 공격하기보다는 쉽게 접근할 수 있는 표적 기관이나 대상이 되는 조직의 직원들의 개인용 컴퓨터를 통해 우회적으로 침입하고 있다. 정보보안에 대한 공격은 외형적(syntactic) 공격과 내용적(semantic) 공격으로 대별되는데, 최근 사이버범죄의 경향은 외형적 공격에서 내용적 공격으로 이동하는 경향을 보이고 있다(정인근, 김운회, 2002). 따라서 호텔업계도 호텔정보시스템의 EDP내부통제에 있어서 정보보안에 더 많은 비중을 두어야 하며 사이버범죄에 대한 대책의 강구가 시급하다.

O'Brien(1996)은 효율적인 통제로 정보시스템 안전을 보장할 수 있다고 전제하고 통제를 정보시스템통제, 절차통제 그리고 물리적 시설통제 등의 세 가지로 구분했다. 그는 먼저 정보시스템 성과와 안전을 위한 통제로 정보시스템통제를 들고 구체적으로 입력, 처리, 출력 그리고 저장통제를 시행해야 한다고 했다. 절차통제에서는 표준실행절차, 문서화, 업무분장, 인증요구, 감리 등을 들었다. 또 물리적 시설통제에 물리적 보호, 컴퓨터 오류통제, 텔레커뮤티케이션통제, 보험 등을 제시하였다.

4. EDP내부통제의 선행연구

감사환경이 전통적인 수작업 회계환경에서 EDP회계환경으로 바뀐다 하더라도 전통적인 감사의 기본목적이나 개념은 여전히 유효하다고 할 수 있다. 따라서 기본적인 회계 및 감사에 관한 지식이 구비된 이후에 추가적인 감사업무를 수행하기 위한 수단으로 EDP관련지식을 구비해야 한다. 이는 회계감사에 관한 지식을 가지지 않은 채 EDP관련지식만을 가지고 EDP회계감사를 수행할 수는 없기 때문이다(양창식, 1995).

EDP내부통제(internal controls)는 자산을 보호하고 회계자료의 신뢰성과 정확성을 보장하며, 경영능률을 증진시키고 경영정책을 준수하도록 촉진시키기 위하여 기업이 채택하는 조직계획 및 통합된 일체의 방법과 수단들로 구성된다. 이는 회계정보시스템의 성과에 큰 영향을 미칠 것은 분명할 것이다. 왜냐하면 기업의 EDP내부통제는 통제의 필수적인 부분으로 특별히 호텔정보시스템에 작용하여 정확하고 신뢰할 수 있는 정보제공과 자산보호가 가능하기 때문이다.

경응수(1992)는 은행온라인 데이터베이스 시스템하에서의 내부통제 평가모형 정립을 시도하였다. 그는 은행정보시스템의 환경변화에 대응하여 감사인들이 준거할 수 있는 EDP내부통제 시스템 평가모형을 제시함으로써 감사인의 효율성을 높이고 내부통제 설계를 위한 유용한 대안을 마련하고자 하였다. 은행 내부감사인과 공인회계사 등 세 그룹으로부터 동의를 얻어낸 내부통제의 기본적인 고려사항으로서 시스템의 안전관리, 직무의 분리, 시스템 개발의 검토승인 및 문서화 그리고 온라인 데이터베이스 시스템 환경의 4가지 중요 사항을 밝혔다. 또한 내부통제에 영향을 미치는 요인으로서는 직위나 경험의 효과보다는 교육의 효과가 크다는 결론을 내렸다.

McDermott(1986)는 마이크로컴퓨터 환경하에서의 내부통제 시스템 평가모형에 관하여 연구하였다. 이 연구에서는 회계법인의 공인회계사 등 39명을 대상으로 마이크로컴퓨터 환경에서 가장 중요한 통제요소, 위험, 특정한 고려사항 등을 평가토록 하여 이들 내부통제 구성요소들에 대한 상대적 중요도를 결정하였으며, 시스템 평가모형을 작성하였다. 그리고 이 평가모형의 실제 적용가능성을 분석적 계층구조기법(AHP, analytic hierarchy process)을 사용한 의사결정지원 소프트웨어 팩키지인 'Expert Choice'를 사용하여 3명의 EDP감사인들을 대상으로 실험하였다. 그 결과 평가모형 구성요소인 위험과 통제요소들에 대하여 상대비교 과정을 거치는 방식이 직접 순위를 부여하는 방식보다 전문가적 판단의 질을 개선시킬 수 있음을 실증하였다. 그러나 Mcmott의 연구는 실험대상 표본이 너무 적고(3명), 모형에 관한 EDP감사인들의 동의를 확인함 없이 연구자의 주관적인 판단으로 모형을 설계하였을 뿐만 아니라 모형의 적용가능성을 3명의 표본에 대하여 단순한 실험을 통하여 확인하는 데 그치는 등 연구결과의 일반화에는 뚜렷한 한계를 가지고 있다. 다만 새로운 방법론을 제시하고, 실제적 검증을 시도한 데에 의의가 있다고 볼 수 있다.

내부통제구조와 관련된 SAS No.55의 컴퓨터 환경에서 구축에 관한 연구가 Steinberg & Johnson(1991)에 의해 행해졌다. 이들은 SAS No.55가 감사인이 컴퓨터화된 회계시스템을 통해 거래를 어떻게 처리해야 하는지에 대한 방법을 이해해야 한다고 주장했다. SAS No.55에 의한 내부통제구조의 구축은 감사를 보다 효과적이고 효율적이 되도록 촉진하므로 내부감사인은 피감사인의 내부통제구조의 요소들을 이해해야 한다고 주장하였다.

내부통제의 검토에서 부가가치접근법으로 연구를 한 Joseph D. Hogg(1992)가 있다. 통제의 부가가치 검토는 조직에 대한 감사인의 업적을 개선시키고 현행 감사방법을 보다 쉽게 적응시킬 수 있다. 내부 감사인은 오류의 원인을 제거하고 통제원가를 감소시키려고 노력한다. 따라서 그는 이러한 노력들은 조직에 있어서 품질개선 프로그램을 갖는 감사와 연결되며 모든 단계에 있어서 원가를 감소시킬 수 있고, 조직의 경쟁우위를 확보시킬 수 있다는 것을 밝혀냈다.

호텔기업의 전산화된 환경에서 내부 및 외부감사인 그룹을 대상으로 내부통제 평가에 대한 동의수준의 상대적 중요도를 비교한 양창식(1995)의 연구에서는 특1급과 특2급 호텔 간 EDP내부통제 운용수준의 유의적인 차이가 없는 것으로 나타났다.

정보시스템 내부통제요인의 중요도의 차이를 분석한 김희철(1998)의 연구에서는 업종에 따라 내부통제요인의 중요도평가에는 유의적인 차이가 있었고, 규모에 따라 내부통제요인의 중요도평가에는 유의적인 차이가 없는 것으로 나타났다.

5. 호텔정보시스템의 품질

호텔정보시스템의 품질은 측정하고자 하는 관점에 따라 측정유형을 달리해야 하며, 측정 주체 및 측정방법에 따라서도 각기 다른 측정항목을 적용해야 한다. 즉 비용 측면의 측정인지 효과 측면의 측정인지에 따라 측정 영역이 달라지며, 측정 주체가 누구인지에 따라서도 구체적인 방법론이 달라지고, 측정시기가 시스템개발 이전인지 이후인지, 측정범위가 단위 부서에 국한되는지 조직 전체인지, 측정방법이 주관적인지, 객관적인지에 따라서도 측정항목이 달라지게 된다.

품질을 여러 가지로 정의할 수 있겠으나 그 접근방법에 따라 4가지로 정의할 수 있다. 첫째, 절대적인 우수성(innate excellence)으로서의 상태로 정의한다. 예를 들면, 베토벤의 교향곡, 다빈치의 모나리자, 미켈란젤로의 다비드 등은 모두 최고의 기준에 도달했거나 그것을 도달한 예라 할 수 있다(안상형 외, 1998). 이는 품질의 관점이 더욱 구체적인 정의를 넘어서는 공유된 가치시스템을 나타내며, 제품에 있어서 품질은 보편적으로 인정할 수 있는 것이라야 한다는 것이다(Garvin, 1984). 둘째, 가치 중심(value-based)의 품질로 정의한다. 소비자가 구매의사결정을 할 때 품질을 가치의 한 가지 속성으로 본다면, 가격을 고려하여 의사결정을 할 것이다. 즉 품질을 가치의 한 가지 속성으로 본다면, 가치는 가격에 대한 품질의 교환관계(trade-off)로 정의할 수 있다(Gale, 1994; Zeithaml, 1988). 셋째, 제품 중심(product-based)의 품질로 정의한다. 제품이 고객으로부터 정의된 품질을 충족시킨다면, 고객은 그 제품을 높은 품질로 지각하게 될 것이다. 반대로 제품이 '명세서의 일치'나 '사용에의 적합성'을 충족시키지 못한다면, 고객은 낮은 품질로 지각하게 될 것이다(이경근, 1999). 넷째, 서비스 중심(service-based)의 품질로 정의한다. 이는 상품 중심의 품질보다 소비자의 감정적 판단에 좌우된다는 것이다. Garvin(1983)은 품질을 측정하기 위한 정확한 표준은 고객이 정의한 품질에 의존해야 한다고 주장한다.

Delone & Mclean(1992)은 기존의 연구결과를 분석하여 정보시스템의 성공지표를 크게 6가지로 분류했는데, 이들은 첫째, 정보를 처리하는 하드웨어 측면의 시스템 품질(system quality), 둘째, 정보의 정확성, 적시성 등을 다루는 정보 품질(information quality), 셋째, 정보시스템을 얼마나 활용하는지에 대한 이용도(use), 넷째, 정보시스템의 이용자들의 인지적 반응인 사용자 만족도(user satisfaction), 다섯째, 사용자 행위에 대한 경영정보시스템의 효과인 개인에 대한 효과(individual impact), 여섯째, 경영정보시스템이 조직 전체에 미치는 영향인 조직에 대한 효과(organizational impact) 등이다. 이는 이전의 정보시스템 평가를 종합한 것으로 평가되고 있지만 이것은 정보시스템에 의해 생성되는 성과물과 시스템 자체에만 초점을 맞춘 것으로 정보시스템 부서가 서비스 제공자임을 간과하고 있다(Pitt, L.F., Watson, R. T., & Lilford, N., 1995).

박희석(2001)은 서울지역의 특1급 호텔을 대상으로 호텔정보시스템의 품질과 사용자 가치·만족, 사용의도 간의 관계를 연구하였다. 허정봉(2000)은 서울지역의 특급 호텔의 호텔정보시스템 서비스 품질 측정척도를 6개 차원으로 개발하였다. 김연성(2000)은 서울지역의 금융기관 서비스 품질 정보시스템을 대상으로 사례연구를 통해 금융기관의 서비스 품질 정보시스템(SQIS)모델을 제시하였다. 엄홍섭(1999)은 부산과 경남지역의 일반기업 정보시스템을 대상으로 제조업, 금융보험업, 유통서비스업, 정보통신업, 교육기관, 기타 6개 법인에 대한 정보시스템 서비스 품질 측정척도를 6개 차원으로 개발하였다. 서창적(1999)은 전국의 6대 산업 정보시스템을 대상으로 정보시스템 통합시스템의 품질을 기술적 품질과 기능적 품질로 나눠 정보시스템 품질 측정척도를 8개 차원으로 개발하였다.

〈표 2-6〉호텔정보시스템 품질의 유형

구 분	내 용	측정변수
정보 품질	호텔정보시스템이 제공하는 출력물의 품질	적시성, 정확성, 관련성, 정밀성, 관련성, 효율성, 일치성, 이해가능성 등
시스템 품질	호텔정보시스템 기능의 운영적 효율성	현실성, 응답시간, 전환시간, 유연성, 가용성, 접근성, 호환성, 용이성 등
서비스 품질	호텔정보시스템 담당부서가 이용자에게 제공하는 서비스	지원과 교육, 문제 해결성, 신속성, 협조성 등

* 논자 작성

이상과 같이 사용자가 원하는 품질욕구를 충족시키기 위해서는 제품 중심의 품질과 서비스 중심의 품질을 동시에 고려해야 한다. 따라서 Pitt 등은 호텔정보시스템의 품질개념의 세 가지 구성 차원, 즉 정보 품질, 서비스 품질, 시스템 품질(Kim, 1989)을 동시에 측정해야 정보시스템의 성과를 제대로 파악할 수 있다고 주장하고 있다(Pitt, Watson and Kavan, 1995). 호텔정보시스템 품질의 유형은 <표 2-6>과 같다.

1) 정보 품질

정보 품질의 측정은 정보시스템에 의해 산출된 산출물의 적시성, 정확성, 관련성, 정밀성, 관련성, 효율성, 일치성, 이해가능성 등에 초점을 맞춘다. 이에 정보시스템의 연구자들은 정보시스템의 산출물, 즉 보고서의 형태에서 우선적으로 시스템이 생산한 정보 품질에 중점을 두었다.

정보 품질은 사용자 관점에서 상당히 주관적이기 때문에 사용자 만족의 일부분으로 포함되기도 한다(DeLone & McLean, 1992). Seddon(1997)은 정보 품질은 정보시스템에 의해 만들어진 정보의 정확성과 적시성, 관련성과 관련된다고 하였다. 그리고 본 연구에서는 정보 품질을 사용자와 정보시스템 사이의 관계로 전제하여 호텔정보시스템이 제공하는 출력물의 품질로 보고, 정보 품질을 "호텔정보시스템이 제공하는 출력물의 일치성, 정확성, 이해가능성, 충분성과 최신성"으로 정의한다.

이러한 정보 품질은 호텔정보시스템의 산출물에 대한 측정치로서 정확성, 정밀성, 적시성, 관련성, 효율성 그리고 제공된 정보의 신뢰성 등이 포함된다. 정보 품질을 측정하는 방법의 대부분이 정보의 사용자의 관점에서 시작되며, 측정수단은 정보의 특성상 상당히 주관적이기 때문에 사용자 만족의 일부분으로 포함되기도 한다(DeLone and McLean, 1992).

2) 시스템 품질

시스템 품질은 정보시스템 기능의 운영적 효율성을 의미한다. 시스템 품질은 전통적으로 정보시스템에 대한 주요 성공요인으로 간주되어 왔으나, 그것은 공학지향적(Engineering-oriented)인 성과로서 자료의 현실성(currency), 응답시간(response time), 작업반환시간(turnaround time), 자료의 정확성(accuracy), 신뢰성(reliability), 완전성(completeness), 시스템 유연성(system flexibility) 등을 포함하고 있다(박희석, 2001; Srinivasan, 1985; Ives and Olson, 1984; Bailey and Pearson, 1983). 대부분의 연구들은 시스템 품질을 측정함에 있어서 시스템의 가용성, 신뢰성, 응답성 등을 포함하는 기술적 특성을 반영하고 있다(DeLone and McLean, 1992). 또한 시스템 품질은 시스템에 오류가 있는가와 관련이 있는 것으로 사용자 상호 작용의 일관성, 사용의 용이, 응답률, 문서화, 프로그램 코드의 품질과 유지를 포함한다(Davis, 1989; Seddon, 1994, 1997). 또한 시스템 품질은 시스템에 오류가 있는가와 관련 있는 것으로 사용자 상호작용의 일관성, 사용의 용이, 응답률, 문서화, 프로그램 코드의 품질과 유지(Seddon, 1997; Davis, 1987)를 포함하고 있다. Delone & McLean(1992)의 모형은 Shannon & Weaver(1949)와 Mason(1978)의 연구에 기초를 두고 정보시스템의 산출물 또는 커뮤니케이션 시스템의 메시지로써 정보를 정의하여 그것이 각각의 다른 수준에서 측정될 수 있음을 지적하였다. 결론적으로 Delone & McLean은 시스템 품질과 정보의 질이 개별적으로 혹은 결합하여 시스템 사용과 사용자 만족에 영향을 미치고, 또한 시스템 사용 및 사용자 만족이 개인성과와 직접 관련이 있으며, 최종적으로 개인성과는 조직성과에 직접적인 관련성을 가진다고 주장하였다.

3) 서비스 품질

1990년대 초반까지 정보시스템 품질평가와 관련된 대부분의 연구들은 정보처리 능력을 평가하는 시스템품질 평가와 정보시스템 산출물을 평가하는 정보 품질 평가를 위주로 한 제품 중심적 관점이 지배적이었다. 이는 주로 정보시스템의 실행 환경이 대형 컴퓨터를 이용한 집중식 처리 시스템 체제를 갖춘 소수의 컴퓨터 전문가들에 의해 일방적으로 제공되는 정보만을 이용해 왔었기 때문이다.

그러나 PC보급의 대중화 및 성능향상으로 일반인들이 다룰 수 있는 소프트웨어의 대중화, 네트워크 기반 컴퓨팅 환경의 분산처리시스템

체제로 전환됨에 따라 사용자들은 좀 더 높은 수준의 상호작용과 서비스를 요구하게 되었다. 이러한 환경변화에 따라 정보시스템의 서비스적 특성이 더욱 중요하게 대두되어 이때까지는 정보시스템 관리를 위한 부차적인 기능으로 간주되어 왔던 사용자 만족과 같은 정보시스템의 서비스 관련 기능을 가장 중요한 핵심적인 요소로 인식하게 되었다. 이에 따라 정보시스템 품질측정에 관한 연구도 마케팅 영역에서 주로 다루어져 왔던 서비스 관련 이론이 도입된 정보시스템 서비스 품질 측정으로 그 패러다임이 바뀌게 되었다(엄홍섭, 1999).

전통적으로 정보시스템의 역할은 조직성과를 향상시키기 위해서 시스템을 설계, 개발, 설치하는 것이었다. 오늘날 정보시스템은 조직생산성에의 공헌과 같은 시스템 구축 이상의 역할을 필요로 한다. 정보시스템은 더 좋은 서비스를 통해 사용자와 조직의 생산성을 증가시키기 위해서 어떻게 그들의 서비스 품질을 향상시킬 수 있는가를 검증할 필요가 있게 된 것이다.

Kettinger & Lee(1994)는 서비스 품질 측정도구로 널리 사용되어 왔던 Parasuramann 등의 SERVQUAL을 정보시스템 서비스 품질 측정에 최초로 적용하였다. 바로 후에 Pitt 등은 DeLone & McLean의 모형에 서비스 품질이 추가된 수정된 모형을 이용하여 정보시스템의 서비스 품질을 측정하는 시도를 하였다. 그들은 기존의 모형으로는 정보시스템의 효과성 측정에 서비스 측면이 간과되는 오류를 범할 수 있다고 경고하고 정보시스템 품질측정에 서비스 품질 측정도구인 SERVQUAL 적용의 타당성을 검증하였다(박희석, 2001; Pitt, F. L., Watson, T. R. & Kavan, C. B, 1995). Kettinger, Lee & S. Lee(1995)와 Van Dyke, Kappelman & Prybutok(1997)은 정보시스템 서비스에 SERVQUAL도구를 그대로 적용하는 것은 타당하지 않으며 정보시스템 환경에 맞는 새로운 서비스 품질 측정도구를 개발할 것을 주장하고 있다. 또한 Rohan Jayasuriga(1998)도 건강센터의 정보시스템 서비스이용자들을 대상으로 한 연구에서 정보시스템 환경에 좀 더 적절한 새로운 차원으로 품질 차원을 재조명할 필요가 있다고 주장하고 있다.

서비스 품질은 전반적인 정보시스템 서비스에 대한 품질을 의미하는 것이 아니라 정보시스템 부서의 지원과 유사한 개념이다(Baroudi and Orlikowski, 1988). 즉 사용자와 정보시스템 부서와의 상호작용에 의하여 발생하는 것으로서 정보시스템 부서가 제공하는 사용자에 대한 지원과 교육, 정보시스템 부서의 태도, 정보기술 제공, 문제해결 등을 들 수 있다(Baroudi and Orlikowski, 1988; Eldon, 1997; Pitt et al., 1995).

6. 사용자 만족

정보시스템(information system)의 역할이 중요해짐에 따라 정보시스템에 대한 중요도도 점점 더 커지고 있다. 특히 최종사용자의 정보기술 응용 영역이 확장됨에 따라 정보시스템에 대한 사용자의 요구도 늘어나고 있다. 따라서 관리자는 먼저 개인적 혹은 조직적 관점에서 사용자 요구를 파악해야 하며, 이러한 사용자 요구를 만족시켜 주기 위해서 기존의 정보시스템 품질평가를 통해 정보시스템의 개선사항을 도출하고 정보시스템의 품질을 계속 개선시켜 나가야 한다(Gordon & Gorden, 1996).

정보시스템의 품질은 고객, 즉 정보시스템의 사용자가 판단하고, 정보시스템과 관련한 서비스 속성 혹은 경험은 사용자의 가치에 공헌한다. 정보시스템은 서비스 품질뿐만 아니라 소프트웨어 품질을 향상시켜 줌으로써 시스템의 가치를 더해 준다(Watson & Pitt, 1993).

정보시스템은 다양한 방법으로 사용자의 생산성을 잠재적으로 증가시킬 수 있다. 정보시스템 서비스의 품질개선은 사용자의 활동 가치를 더해 주고 조직의 생산성을 증가시켜 주는 효과적인 도구이다. 정보시스템이 실제로 조직목표달성에 공헌한 정도를 의미하는 정보시스템의 효과 혹은 정보시스템 품질을 측정하는 많은 방법이 연구되어 왔지만 학자들마다 판단하는 기준이 다르며 아직까지 개념화, 조직화에 관한 일치된 의견은 없다(DeLone & McLean, 1992; Goodhue, 1992).

정보시스템 품질평가를 하는 방법으로는 비용 – 효익분석, 시스템 사용도, 사용자 만족도, 의사결정효과의 점진적인 성과, 유용성 분석, 분석적 계층접근, 정보속성검증과 같이 다양한 방법들이 연구되어 왔다(Srinivasan, 1985). 객관적인 방법으로는 비용 – 효익분석이 있으나 무형의 속성을 금전적 가치로 환산하기 어려운 문제로 인해 활용상의 어려움을 안고 있다. 이러한 어려움을 극복하기 위해 시스템의 사용도가 사용될 수 있지만 이는 시스템 사용의 자발성이 전제조건이 된다. 즉 정보시스템의 사용이 자발적이라면 시스템의 사용도는 정보시스템 품질의 적절한 측정척도가 될 수 있다. 그러나 만약 비효과적인 정보시스템 관리자의 명령이나 동기부여에 의해 사용된다면, 시스템 사용도는 적합하지 못한 방법이 될 수 있는 것이다.

결국 시스템 사용도와 정보시스템 품질평가 간의 연결은 결코 단순하지가 않다. 따라서 정보시스템 품질의 측정을 위해서 지각적 측정인 사용자 만족도가 정보시스템 관련 성공을 측정하는 도구로서 가장 많이 사용되어 오고 있다(Brancheau and Rrown, 1993; Moore and Benbasat, 1990). 이는 첫째, 사용자 만족의 측정도구의 타당성이 높으며 둘째, Bailey and Pearson(1983)의 사용자를 중심으로 하는 39개 만족요인 측정도구가 개발된 이후 만족을 측정하고 연구들 간의 비교를 통하여 신뢰할 만한 도구가 제공되었기 때문이다. 셋째, 다른 측정도구들이 사용자 만족의 측정도구보다 개념적으로나 실증적으로 빈약하기 때문이다(DeLone & McLean, 1992).

사용자 만족은 "시스템의 사용이 자신의 업무성과를 강화시켜 왔다고 믿는 정도"로서 지각된 유용성과 밀접한 관련이 있다(Seddon and Kiew, 1994). 따라서 사용자 만족은 비용을 고려하는 사용자 가치와는 구별되며, 이는 다양한 결과들에 대한 주관적인 평가로써 지각된 유용성을 포함한다(Seddon, 1997).

7. 호텔정보시스템의 EDP내부통제, 품질
그리고 사용자 만족 간의 관계

김응준(1998)은 "EDP내부통제구조가 회계정보시스템의 성과에 미치는 영향"에서 일반통제의 실시 정도는 회계정보시스템의 성과인 정보의 질에 조직 및 운영통제, 접근 및 보안통제 등이 가장 큰 영향을 미치고 있고, 응용통제의 실시 정도는 회계정보시스템의 성과인 정보의 질에 입력 및 처리통제가 영향을 미치고 있다고 밝히고 있다. 김응준의 연구모형은 <그림 2-3>과 같다.

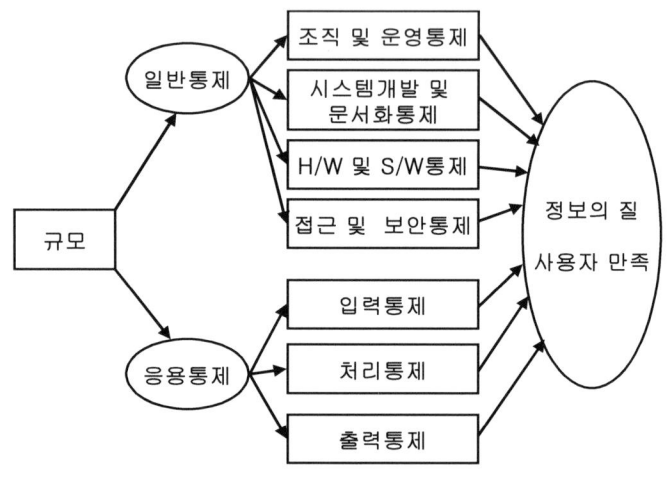

〈그림 2-3〉 김응준의 사용자 만족모형

김응준(1998)은 "EDP내부통제구조가 회계정보시스템의 성과에 미치는 영향"에서 일반통제의 실시 정도는 회계정보시스템의 성과인 사용자 만족에 시스템 개발 및 문서화 통제, 하드웨어 및 소프트웨어 통제 등이 가장 큰 영향을 미치고 있고, 응용통제의 실시 정도는 회계정보시스템의 성과인 사용자 만족에 입력 및 처리통제가 영향을 미친다고 밝히고 있다.

서창적(1995)은 "정보시스템 통합서비스의 품질요인 및 측정에 관한 연구"에서 인지된 정보시스템 관리서비스의 품질과 고객 만족 간의 상관관계가 매우 높다고 밝히고 있다.

장명복(2000)은 "정보시스템 품질이 경영성과에 미치는 영향에 관한 연구"에서 정보시스템의 품질은 사용자 만족 및 기업성과에 정(+)의 영향을 미치고, 정보시스템의 환경수준에 따른 정보시스템의 품질은 차이가 있다고 밝히고 있다.

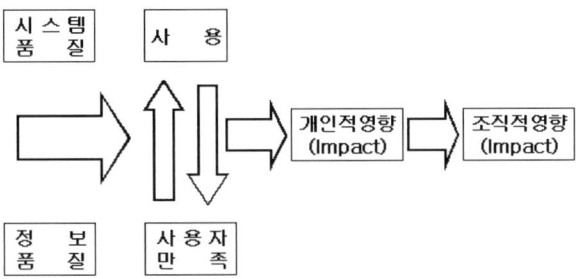

〈그림 2-4〉 DeLone & Mclean(1992)의 정보시스템 성공모형

DeLone & McLean(1992)은 사용자 만족을 중심으로 정보시스템의 성공모형에서 <그림 2-4>와 같이 시스템 품질, 정보 품질, 시스템 사용도, 사용자 만족도, 개인적 효과, 조직적 효과의 6개 범주로 분류하였다.

Seddon & Kiew(1994)는 <그림 2-5>와 같이 DeLone & McLean(1992)의 모형을 부분적으로 검증하였다.

Pitt et al.(1995)는 DeLone & McLean(1992)의 연구모형은 정보시스템의 시스템 측면만 포함하여 인간적인 측면이 간과되었음을 지적하며 <그림 2-6>과 같이 서비스 품질을 평가범주에 포함시킨 연구모형을 제시하였다.

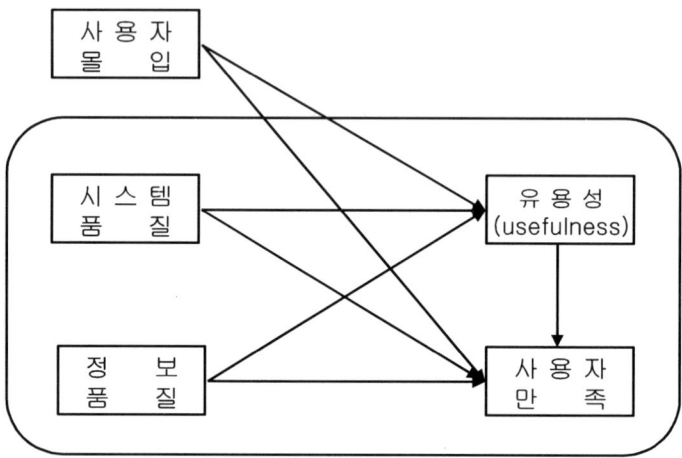

〈그림 2-5〉 Seddon & Kiew(1994)의
사용자 만족모형

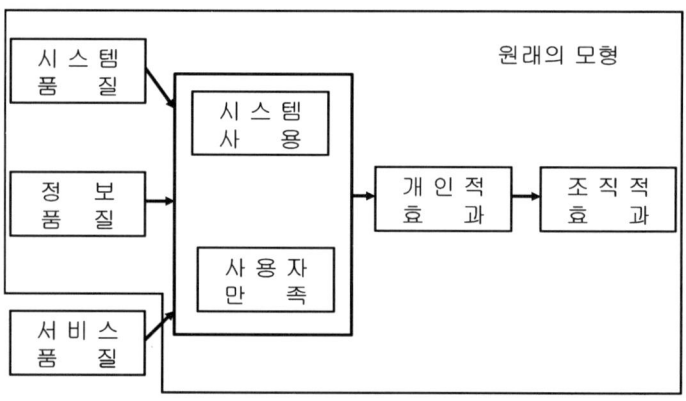

〈그림 2-6〉 Pitt 등의 수정된 정보시스템 성공모형

>>> Ⅲ. 조사 및 분석방법의
        설계

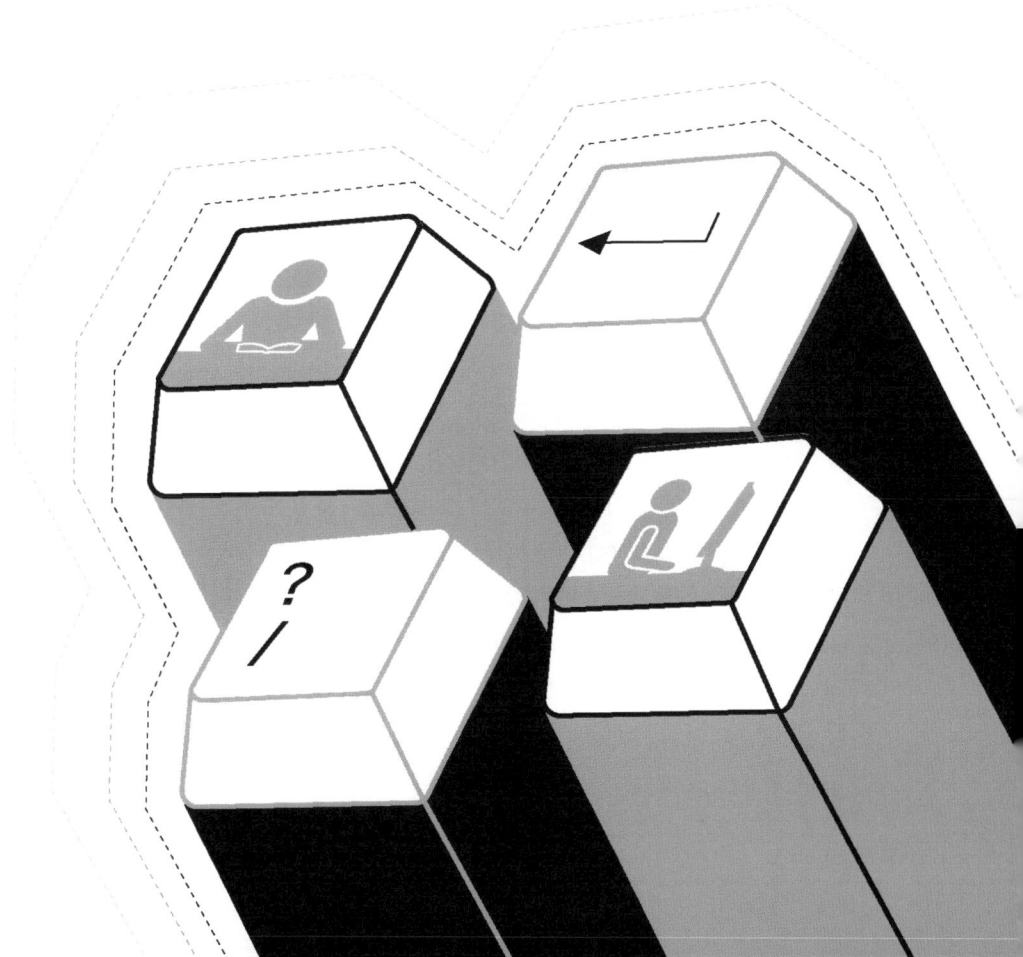

1. 조사표본의 설계 및 예비조사

1) 조사표본의 설계

본 연구의 조사대상 호텔기업은 관광진흥법상의 호텔업 등급분류 중 우리나라 서울에 소재하는 특1급과 특2급 호텔을 대상으로 하였다. 그 이유는 조사표본의 설계 이전에 각 호텔의 정보시스템 관리자 및 전문가의 인터뷰를 통하여 호텔정보시스템을 도입하여 운영하는 호텔이 일반적으로 서울지역 특1급, 특2급 호텔로 국한되어 표본선정을 하였다. 또한 특급호텔들이 비교적 오래전에 호텔정보시스템을 도입하여 활용하고 있는 호텔 군이므로 표적 모집단으로 한정하여 선택하였다. 서울지역의 대상호텔은 특1급 호텔 15개, 특2급 호텔 12개를 선정하였다.

설문조사 횟수와 시기는 2001년 9월 15일부터 2002년 4월 20일까지 예비조사 2회, 본 조사 1회, 총 3회를 실시하였다. 1차 예비조사는 서울지역 특급호텔 9개 호텔을 대상으로 2001년 9월 15일부터 10월 10일에 걸쳐 설문지 100부를 배포하여 90부를 회수하여 실시하였다. 2차 예비조사는 서울지역 특급호텔 8개 호텔을 대상으로

2002년 4월 10일부터 4월 15일까지 설문지 300부를 배포하여 200부를 회수하여 실시하였다. 본 조사는 서울지역 특1급 호텔 15개 호텔과 특2급 호텔 12개 호텔을 선정, 총 27개 호텔을 대상으로 2002년 4월 15일부터 4월 25일까지 설문지 810부를 배포하여 613부를 회수하여 583부를 대상으로 실시하였다.

설문조사 응답대상은 응답자가 근무하고 있는 호텔의 호텔정보시스템을 이해할 수 있는 종업원을 대상으로 조사하였다.

2) 설문지 설계

설문지 초안은 선행연구를 기초로 전문가들의 의견수렴 과정을 거쳐 조정작업과 예비조사(2회)를 실시하여 본 조사용 설문지 최종안을 작성하였다.

설문지 초안의 구성은 호텔정보시스템의 EDP내부통제와 품질 그리고 사용자 만족을 물어보는 질문으로 가급적 많은 수의 문항으로 하였다. 초안 설문지로 2001년 9월 15일부터 10월 10일까지 서울지역 특급호텔 9개를 대상으로 예비조사를 실시하여 요인분석을 한 결과 일반통제 8문항, 응용통제 8문항, 정보 품질 8문항, 시스템 품질 8문항, 서비스 품질 8문항, 사용자 만족 8문항으로 총 48문항을 준비하였다. 1차 예비조사를 거쳐 준비된 설문지를 서울지역 특급호텔 8개를 대상으로 2002년 4월 10일부터 4월 15일까지 2차 예비조사를 실시하였다. 2차에 걸친 예비조사와 호텔실무자와 호텔근무경력이 있는 교수, 국문학 전공 교수 등의 의견을 종합한 결과, 설문문항은 짧고 간결하며 함축적이어야 좋고, 문항 수도 40문항 정도가 적당하다는 의견에 동의하고 최종 조정작업을 실시하였다.

조정작업의 결과 일반통제 6문항, 응용통제 5문항, 정보 품질 6문항, 시스템 품질 6문항, 서비스 품질 5문항, 사용자 만족 4문항, 일반사항에 관한 질문 8문항으로 총 40문항을 본 조사용 최종설문지에 사용하기로 결정하였다.

3) 설문지 구성

본 연구에서는 선행연구와 두 차례의 예비조사와 전문가들의 의견수렴과정을 거쳐서 호텔기업의 호텔정보시스템 EDP내부통제와 품질을 측정하기 위한 측정도구를 일반통제 6문항, 응용통제 5문항, 정보 품질 6문항, 시스템 품질 6문항, 서비스 품질 5문항, 사용자 만족 4문항, 일반사항에 관한 질문 8문항으로 총 40문항의 설문지를 개발하였다. 본 연구의 실증분석에 이용된 설문지의 개발내용과 구성은 다음과 같다.

호텔정보시스템의 EDP내부통제 중 호텔의 일반업무와 전산업무에 공통으로 적용되는 내부통제의 수준을 파악해 보기 위한 설문은 6문항으로 선행연구와 두 차례의 예비조사를 토대로 하여 전문가 의견수렴과정을 거쳐 엄선, 확정하였으며 A1, A2, A3, A4, A5, A6으로 문항번호를 표시하였고 7점 등간척도를 이용하였다.

호텔정보시스템의 EDP내부통제 중 호텔업무에서 컴퓨터가 수행하는 구체적인 작업과 관련한 처리통제의 내부통제 수준을 파악해 보기 위한 설문은 5문항으로 선행연구와 두 차례의 예비조사를 토대로 하여 전문가 의견수렴 과정을 거쳐 엄선, 확정하였으며 B1, B2, B3, B4, B5로 문항번호를 표시하였고 7점 등간척도를 이용하였다. 위의 내부통제의 마지막 문항인 A6과 B5는 호텔정보시스템의 EDP내부통제 수준을 파악하기 위한 문항으로 이용한다.

　호텔정보시스템이 제공하는 출력물의 품질의 수준을 파악해 보기 위한 설문은 6문항으로 선행연구와 두 차례의 예비조사를 토대로 하여 전문가 의견수렴과정을 거쳐 엄선, 확정하였으며 C1, C2, C3, C4, C5, C6로 문항번호를 표시하였고 7점 등간척도를 이용하였다.

　호텔정보시스템 기능의 운영적 효율성 수준을 파악해 보기 위한 설문은 6문항으로 선행연구와 두 차례의 예비조사를 참고하여 개발하였으며 D1, D2, D3, D4, D5, D6으로 문항번호를 표시하였고 7점 등간척도를 이용하였다.

　호텔정보시스템 담당부서가 이용자에게 제공하는 서비스의 수준을 파악해 보기 위한 설문은 5문항으로 선행연구와 두 차례의 예비조사를 토대로 하여 전문가 의견수렴 과정을 거쳐 엄선, 확정하였으며 E1, E2, E3, E4, E5로 문항번호를 표시하였고 7점 등간척도를 이용하였다. 위의 마지막 문항인 C6, D6, E5는 호텔정보시스템의 품질수준을 파악하기 위한 문항으로 이용한다.

　호텔정보시스템을 사용한 후 호텔정보시스템 이용자가 느끼는 전반적인 만족수준을 파악하기 위한 설문은 4문항으로 선행연구와 두 차례의 예비조사를 참고하여 개발하였으며 F1, F2, F3, F4로 문항번호를 표시하였고 7점 등간척도를 이용하였다.

　마지막으로 응답자의 인구통계학적 특성을 파악해 보기 위한 설문은 8문항으로 구성하였으며 G1, G2, G3, G4, G5, G6, G7, G8로 문항번호를 표시하였고 명목척도를 사용하였다.

〈표 3-1〉 설문지 구성 내용

측정개념	설문내용	문항 수	설문지 문항	척 도
EDP내부통제	일반통제	6	A1-A6	7점 등간척도
	응용통제	5	B1-B5	7점 등간척도
호텔정보시스템의 품질	정보 품질	6	C1-C6	7점 등간척도
	시스템 품질	6	D1-D6	7점 등간척도
	서비스 품질	5	E1-E5	7점 등간척도
사용자 만족	전반적 만족도	4	F1-F4	7점 등간척도
프로파일	프로파일	8	G1-G8	명목척도

이상과 같이 설문조사 항목은 일반통제, 응용통제, 정보 품질, 시스템 품질, 서비스 품질 그리고 인구통계학적 문항 등 7개 부문으로 당초 예비조사용 문항 수는 많았으나 3차에 걸친 전문가 의견조사 및 특급호텔 종업원들을 대상으로 한 예비조사 설문지로 요인분석을 실시하여 최종 문항 수를 총 40문항으로 줄여 본 조사에서 사용할 설문지를 구성하였다. 설문지 구성 내용은 <표 3-1>에 나타내었다.

4) 예비조사

본 조사를 실시하기 전에 기초 자료를 수집하여 분석해 봄으로써 연구의 타당성을 검토하고, 자료를 축약하기 위해 예비조사를 실시하였다. 본 연구에서는 설문지 개발작업과 연계하여 2회에 걸쳐 예비조사를 실시하였다.

<표 3-2> 예비조사 설문지 배부 및 회수현황

구 분	1차	2차
기간	2001 / 9 / 15 - 10 / 10	2002 / 4 / 10 - 4 / 15
지역	서울	서울
대상호텔 등급	특1급, 특2급	특1급, 특2급
설문지 배부	100부	300부
설문지 회수	90부	200부

표본대상은 서울지역에 소재한 특1급, 특2급 호텔을 대상으로 하였고, 조사 기간은 2001년 9월 15일부터 2002년 4월 15일까지 실시하였으며 설문지 배부 및 회수현황은 <표 3-2>와 같다.

예비조사 과정에서 설문지의 매수, 문항 수 그리고 디자인 설계가 중요하다는 점을 발견하고 다음과 같이 조정하였다.

설문응답자에게 설문지의 매수가 많은 설문지를 배부했을 때, 성의 있는 응답을 기대하기 어렵다는 점을 발견하였다. 그래서 A3용지 1장을 접어 4면이 되게 하여 1면은 여백으로 처리하고 나머지 3면에 설문문항 40개를 최종 선정하였다. A3용지를 접어 A4용지의 크기가 되도록 한 것은 설문지의 양이 많지 않다는 느낌을 주기 위해서이고, 아울러 설문지를 펼쳤을 때 질문의 항목들이 양면에 모두 들어갈 수 있도록 하였다.

설문지의 항목과 문항을 박스로 처리하였고, 항목 간 식별을 용이하게 할 수 있도록 문항마다 영문자와 숫자를 혼합하여 일반통제 부문을 A1-A6, 응용통제 부문을 B1-B5, 정보 품질 부문을 C1-C6, 시스템 품질 부문을 D1-D6, 서비스 품질 부문을 E1-E5, 사용자 만족은 F1-F4, 일반적 사항은 G1-G8로 식별번호를 부여하였다. 응답의 예를 첫 면 하단에 보기로 처리하였다. 각 문항별 선택기호를 부여하였으며, 상단에 기호선택 표시방법을 상단에 언급하였다. 그리고 각 항목별로 응답자의 이해를 돕기 위해 간략하게 개념을 설명하였다. 7점 등간척도 응답요령을 첫 면 하단에 실었고, 표시방법도 선으로 처리하지 않고 칸으로 처리하였고, 숫자도 선 위에 표시하는 방식을 피하고 칸 안에 표시하도록 하여 정도의 선택을 쉽게 할 수 있도록 하였다.

문장은 최초 구어체로 길게 준비되었으나 예비조사 결과 문장이 길어 보이고 활자크기가 작다는 문제점이 지적되어 전문가의 의견을 수렴하여 최종적으로 길이가 짧고 의미가 함축된 문어체 문장으로 조정하였다. 예를 들면 종전의 '정보시스템 부서 내의 업무를 분장하고 있다'라는 문장을 '직무명령서에 의한 업무분장 실시'의 형태로 수정하였다.

활자체와 크기는 전통적인 교과서 활자체인 신명조체를 선택하였고, 활자크기는 문장이 짧아짐에 따라 11호 크기로 확대시켜 눈의 피로감을 덜어주고 시야에 한번에 들어올 수 있도록 디자인하였다.

2. 연구모형

지금까지 검토한 개념적 이해를 토대로, 호텔정보시스템의 EDP내부통제와 품질 3가지, 즉 정보 품질, 시스템 품질, 서비스 품질이 사용자 만족에 영향을 미치는지를 검토하기 위해 <그림 3-1>의 연구모형을 제시한다.

본 제안모형은 김응준(1998)의 EDP내부통제구조가 회계정보시스템의 성과에 미치는 영향에서 제안한 <그림 2−3>의 모형에 정보시스템 품질의 모형들을 종합하여 도출하였다. 정보시스템 품질의 모형은 <그림 2−4>와 같이 DeLone과 McLean(1992)이 정보시스템 분야에서 제안한 바 있는 정보시스템의 정보 품질과 시스템 품질 측면에서의 연구를 <그림 2−6>처럼 Pitt 등이 정보시스템의 서비스 품질로 확대, 적용한 모델이라 할 수 있다. Pitt, et al.(1995)은 그들의 연구에서 호텔정보시스템의 품질을 정확하게 파악하기 위하여 DeLone과 McLean(1992)이 주장한 사용자 만족 모형에 서비스 품질을 추가하여야 함을 주장하였다.

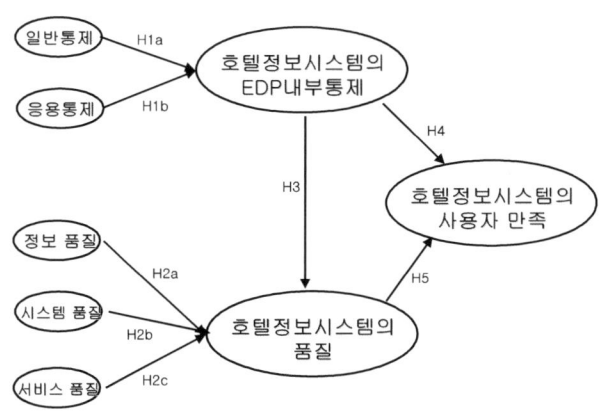

〈그림 3−1〉 본 연구 제안모형

<그림 3−1>의 본 연구 제안모형은 김응준의 모형과 Pitt 등의 모형을 조합한 모형이다. 김응준의 모형과 차이점은 김응준은 정보의 질과 사용자 만족을 종속변수로 두면서 정보의 질과 사용자 만족을 동일하게 보았다. 그러나 본 연구의 제안모형은 호텔정보시스템의 품질을 사용자 만족과 구분하여 호텔정보시스템의 품질은 독립변수로, 사용자

만족은 종속변수로 하는 모형을 설정하였다. 그리고 김응준의 모형은 일반통제와 응용통제가 직접 정보의 질과 사용자 만족에 영향을 미치는지를 분석하는 모형을 설정하였다. 반면에 본 연구의 제안모형은 일반통제와 응용통제는 EDP내부통제의 매개변수를 통해 호텔정보시스템의 품질과 사용자 만족에 영향을 미치는지를 분석하는 연구모형을 제안하였다. Pitt 등의 모형과 차이점은 Pitt 등은 사용자 만족에 영향을 미치는 변수로 시스템 품질, 정보 품질 그리고 서비스 품질로 하였으나, 본 연구의 제안모형은 시스템 품질, 정보 품질 그리고 서비스 품질 외에 일반통제와 응용통제의 EDP내부통제 변수를 추가하여 사용자 만족에 어떠한 영향을 미치는지를 분석하는 연구모형을 제안하였다.

3. 연구가설의 설정

본 연구는 호텔정보시스템의 EDP내부통제와 품질이 사용자 만족에 미치는 영향을 분석하고자 하며 선행연구를 토대로 연구가설을 도출하면 다음과 같다.

AICPA(1977)의 컴퓨터 자문운영위원회는 'The Auditor's Study and Evaluation of Internal Accounting Control in EDP System: 감사인의 EDP시스템에 있어서 내부통제의 연구 및 평가'에서 EDP시스템의 내부통제를 일반통제와 응용통제로 분류하고 있다. 그리고 많은 학자들이 일반통제와 응용통제가 EDP내부통제에 미치는 영향을 실증분석을 통해 규명하였다(김희철, 1998; 김응준, 1998; 김병희, 1995; 김영효, 1993; 김궁헌, 1991; 이진주·최종민, 1990; Raymond, 1990).

따라서 이상의 선행연구들을 종합해 보면 호텔정보시스템에도 다음과 같은 가설이 설정될 수 있다.

H1a: 호텔정보시스템의 일반통제는 EDP내부통제에 유의적인 영향을 미칠 것이다.

H1b: 호텔정보시스템의 응용통제는 EDP내부통제에 유의적인 영향을 미칠 것이다.

정보 품질의 측정은 정보시스템에 의해 산출된 출력물과 그 가치에 초점을 두고 많은 학자들이 실증분석을 통해 규명하였다(박희석, 2001; 이경근, 1999; Lee & Pow, 1996; DeLone & McLean, 1992).

시스템 품질은 정보시스템 기능의 운영적 효율성을 의미하며 여러 학자들이 실증분석을 통해 규명하였다(박희석, 2001; Seddon, 1997; DeLone & McLean, 1992).

서비스 품질은 정보시스템 담당부서가 이용자에게 제공하는 지원과 교육, 정보시스템 부서의 태도, 정보기술 제공, 문제해결 등의 서비스를 말한다. 여러 학자들이 실증분석을 통해 규명하였다(박희석, 2001; 허정봉, 2000; 이경근, 1999; Van Dyke et al., 1993, 1997, 1999; Eldon, 1997; Pitt et al., 1995, 1997; Kettinger & Lee, 1994, 1997).

따라서 이상의 선행연구들을 종합해 보면 호텔정보시스템의 품질에도 다음과 같은 가설이 설정될 수 있다.

H2a: 호텔정보시스템의 정보 품질은 호텔정보시스템의 품질에 유의적인 영향을 미칠 것이다.

H2b: 호텔정보시스템의 시스템 품질은 호텔정보시스템의 품질에 유의적인 영향을 미칠 것이다.

H2c: 호텔정보시스템의 서비스 품질은 호텔정보시스템의 품질에 유
의적인 영향을 미칠 것이다.

김응준(1998)은 "EDP내부통제구조가 회계정보시스템의 성과에 미치
는 영향"에서 일반통제의 실시 정도는 회계정보시스템의 성과인 정보
의 질에 조직 및 운영통제, 접근 및 보안통제 등이 가장 큰 영향을 미
치고 있고, 응용통제의 실시 정도는 회계정보시스템의 성과인 정보의
질에 입력 및 처리통제가 영향을 미치고 있다고 밝히고 있다.

따라서 EDP내부통제와 정보시스템의 품질 간의 가설을 다음과 같
이 설정할 수 있다.

H3: 호텔정보시스템의 EDP내부통제는 호텔정보시스템의 품질에 유의적
인 영향을 미칠 것이다.

김응준(1998)은 "EDP내부통제구조가 회계정보시스템의 성과에 미
치는 영향"에서 일반통제의 실시 정도는 회계정보시스템의 성과인
사용자 만족에 시스템 개발 및 문서화 통제, 하드웨어 및 소프트웨
어 통제 등이 가장 큰 영향을 미치고 있고, 응용통제의 실시 정도는
회계정보시스템의 성과인 사용자 만족에 입력 및 처리통제가 영향
을 미친다고 밝히고 있다.

따라서 EDP내부통제와 사용자 만족 간의 가설을 다음과 같이 설정
할 수 있다.

H4: 호텔정보시스템의 EDP내부통제는 사용자 만족에 유의적인 영향을
미칠 것이다.

　　서창적(1995)은 "정보시스템 통합서비스의 품질요인 및 측정에 관한 연구"에서 인지된 정보시스템 관리서비스의 품질과 고객만족 간의 상관관계가 매우 높다고 밝히고 있다. 장명복(2000)은 "정보시스템 품질이 경영성과에 미치는 영향에 관한 연구"에서 정보시스템의 품질은 사용자 만족 및 기업성과에 정(+)의 영향을 미치고, 정보시스템의 환경수준에 따른 정보시스템의 품질은 차이가 있다고 밝히고 있다.

　　따라서 호텔정보시스템의 품질과 사용자 만족 간의 가설을 다음과 같이 설정할 수 있다.

　　H5: 호텔정보시스템의 품질은 사용자 만족에 유의적인 영향을 미칠 것이다.

4. 가설의 검증방법

　　호텔정보시스템의 EDP내부통제와 품질이 사용자 만족에 미치는 영향을 검증하기 위한 가설을 동시에 검증하기 위하여 다중회귀분석(multiple regression analysis)과 구조방정식모형(structural equation modeling, SEM)을 통해 이들의 관계를 검증한다. 다중회귀분석은 SPSS10.0 통계패키지를 이용하고, 구조방정식모형은 가장 최근에 개발된 구조방정식모형 분석을 위한 프로그램인 AMOS4.1을 사용하여 검증한다.

　　구조방정식모형은 연구자가 설정한 변수들 간의 인과관계에 대한 모형을 검증하기에 가장 적합한 기법으로 종래의 회귀분석(regression analysis)이나 경로분석(path analysis)과는 달리 모형 내에 측정오차를 고려해 줄 수 있고, 또한 측정변수뿐만 아니라 이론변수까지도 포함하므로 훨씬 폭넓은 방법이다(손종호, 2001). 따라서 연구자는 이러한 구조방정식모형을 통해 실제자료와 연구자의 모형을 비교하여 이 모형이 실제자료에 얼마나 부합하는지를 검증하고자 한다.

구조방정식모형을 이용하여 분석할 경우, 얻을 수 있는 중요한 이점 중 하나는 모형의 전반적인 적합도를 평가할 수 있고, 적합도가 결여되었을 경우 모형에서의 문제점을 찾아낼 수 있다는 점이다.

이론모형이 경험자료에 얼마나 잘 맞는가를 전체적으로 검증하는 방법은 x^2값, 적합도 지수(goodness−of−fit index: GFI), 조정적합도 지수(adjusted goodness−of fit index: AGFI) 및 잔여오차 평균지수 (root mean square residual: RMR or RMSR) 그리고 비표준 부합치 (non−normed fit index: NNFI), 표준 부합치(normed fit index: NFI), 임계수(critical N: CN) 등이 있다. 본 연구에서는 호텔정보시스템의 EDP내부통제와 품질의 속성을 요인화하기 위하여 변수들 간의 기존관계를 설정하고 그 관계가 성립하는지에 대한 여부를 검증하고자 확인요인분석(confirmatory factor analysis; CFA)을 실시한다.

분석에 대한 적합도는 AMOS4.1에서 제공하고 있는 GFI(Goodness of Fit Index), RMR(Root Mean Square Residual), AGFI(Adjusted Goodness of Fit Index), NFI(Normed Fit Index), x^2 등에 대한 분석을 통해 종합적으로 검증한다.

Joreskog & Sorbom(1987)의 기존부합치 혹은 적합도 지수(GFI)는 회귀분석 결과치인 다중상관 자승치와 유사하게 해석되며 다음과 같은 식으로 표현된다(GFI＝1−오차변량 / 전체 변량). 즉 제안모형이 자료의 변량 / 공변량을 얼마나 잘 설명해 주는지를 보여준다.

이 지수는 표본의 크기에 구애받지 않으며, 정규성에서 다소 이탈하더라도 별문제가 되지 않지만, 적합도의 기준이 명확하지 않다. 사례 수가 200 이상인 경우 적합도 지수가 적어도 0.90 이상이라야 모형에 큰 문제가 없다고 볼 수 있고 0.95 이상이면 좋은 모형이라고 판정한다(이순묵, 1990). 조정부합치 혹은 조정적합도 지수(AGFI)는 회귀분석에서 조정된 다중상관 자승치와 비슷한 의미이다. AGFI의 크기에 관한 연구는 별로 없으나 일반적으로 조정 전 적합도 지수보다 적으며 보통 0.90 이상이면 좋은 모형이라고 간주한다. 요인 간 평균차이 혹은 잔여오차 평균지수(RMR)는 측정을 통해 획득된 상관자료의 행렬과 모집단 상관으로 재생산한 행렬 간에 잔여오차를 비교하여 개개의 상관행렬 요소들이 평균적으로 얼마나 차이가 나는가를 보여주는 지수로서, 표본의 크기와 관계없다는 장점이 있다. 특히 모든 측정치의 값이 표준화되었을 경우 유용한 지수이며, 값이 0.05보다 적으면 이상적인 모형이라고 판정한다(손종호, 2001).

표준부합치(NFI)는 그 값을 0과 1 사이만 가질 수 있으며, 이 지수는 자료의 수가 적은 경우 바람직하지 않은 영향을 받을 수 있다(이순묵 1990). x^2값은 어떤 모형에 의해 재생된 상관행렬이 실제 관찰된 상관행렬과 유의하게 다른지 여부를 나타내 주는 지수로서 자유도에 비해 작을 경우(보통 p>0.05 혹은 그 이상) 제안모형은 경험적 자료에 적합한 것으로 판정한다. x^2값은 측정변수의 다중정규성을 전제로 하고 있고 표본의 크기에 민감하기 때문에, 모형의 적합도 평가를 위한 절대적인 지수라기보다 하나의 지침으로 보며, 다른 지수들 GFI, AGFI, RMR을 함께 고려하여 판단하게 된다.

5. 변수의 조작적 정의

조작적 정의는 추상적인 개념을 현실세계인 실무와 같은 구체적인 현상과 연결시키는 과정이다. 본 연구에서는 변수를 측정·검증하기 위하여 다음과 같이 조작적으로 정의하였다.

1) 호텔정보시스템의 EDP내부통제

호텔정보시스템의 발생 가능한 오류를 최소화하기 위해서는 EDP 내부통제구조를 정확히 구축해야 한다. 본 연구에서 "호텔정보시스템의 EDP내부통제는 호텔종업원이 일반통제와 응용통제 수준에 만족하는 정도"라고 정의한다. 측정척도는 AICPA(1977)와 김응준(1998)의 선행연구에서 일반통제와 응용통제의 만족항목을 전문가를 대상으로 의견수렴과정을 거쳐 보완하고, 최종적으로 일반통제 1개 항목, 응용통제 1개 항목을 이용하여 '전혀 그렇지 않다'를 1점, '보통이다'를 4점, '매우 그렇다'를 7점으로 하는 라이커트(Likert) 7점 등간척도를 사용하였다.

2) 일반통제

일반통제는 정보처리업무를 관리하기 위한 경영관리적인 기능을 수행하는 조직관리적인 측면의 통제로 조직 전반에 걸쳐 작용하는 통제이고 모든 적용 시스템에 걸쳐서 영향을 주는 통제이다. 본 연구에서 "일반통제는 호텔의 일반업무와 전산업무에 공통으로 적용되는 통제의 정도"라고 정의한다. 측정척도는 AICPA(1977)와 김응준(1998)의 선행연구에서의 일반통제 항목을 전문가를 대상으로 의견수렴과정을 거쳐 보완하고, 최종적으로 5개 항목(조직 및 운영통제, 시스템 개발 및 문서화 통제, 하드웨어와 소프트웨어 통제, 접근 및 보안통제, 자료보존과 처리절차통제)을 이용하여 '전혀 그렇지 않다'를 1점, '보통이다'를 4점, '매우 그렇다'를 7점으로 하는 라이커트(Likert) 7점 등간척도를 사용하였다.

3) 응용통제

응용통제는 주요 거래유형을 처리하기 위해 작성된 개별 응용프로그램(application program)에 대하여 컴퓨터가 수행하는 구체적 작업과 관련하여 적용되는 통제절차로서, 거래처리통제라고도 부른다. 본 연구에서 "응용통제는 호텔의 컴퓨터가 수행하는 구체적인 작업과 관련한 처리통제의 정도"라고 정의한다. 측정척도는 AICPA(1977)와 김응준(1998)의 선행연구에서의 응용통제 항목을 전문가를 대상으로 의견수렴과정을 거쳐 보완하고, 최종적으로 4개 항목(입력통제, 처리통제, 출력통제, 파일통제)을 이용하여 '전혀 그렇지 않다'를 1점, '보통이다'를 4점, '매우 그렇다'를 7점으로 하는 라이커트(Likert) 7점 등간척도를 사용하였다.

4) 호텔정보시스템 품질

호텔정보시스템의 품질은 측정하고자 하는 관점에 따라 측정유형을 달리해야 하며, 측정 주체 및 측정방법에 따라서도 각기 다른 측정항목을 적용해야 한다. 본 연구에서 "호텔정보시스템의 품질은 정보 품질, 시스템 품질, 서비스 품질 수준에 만족하는 정도"라고 정의한다. 측정척도는 박희석(2001), 이경근(1999), Pow & Lee(1996)가 이용한 만족항목을 전문가를 대상으로 의견수렴과정을 거쳐 보완하고, 최종적으로 정보 품질 1개 항목, 시스템 품질 1개 항목 그리고 서비스 품질 1개 항목을 이용하여 '전혀 그렇지 않다'를 1점, '보통이다'를 4점, '매우 그렇다'를 7점으로 하는 라이커트(Likert) 7점 등간척도를 사용하였다.

5) 정보 품질

정보 품질은 호텔정보시스템의 산출물에 대한 측정치로서 정확성, 정밀성, 적시성, 관련성, 효율성 그리고 제공된 정보의 신뢰성 등이 포함된다. 본 연구에서 "정보 품질은 호텔정보시스템이 제공하는 출력물의 품질"이라고 정의한다. 측정척도는 박희석(2001), 이경근(1999), Lee & Pow(1996)가 이용한 척도를 토대로 전문가의 의견수렴을 거쳐, 정보 품질의 구성 차원으로서 정보의 일치성, 정보의 정확성, 정보의 이해가능성, 정보의 충분성, 정보의 최신성의 5개 항목으로 구성하였다. 이 항목들을 이용하여 '전혀 그렇지 않다'를 1점, '보통이다'를 4점, '매우 그렇다'를 7점으로 하는 라이커트

(Likert) 7점 등간척도를 사용하였다.

6) 시스템 품질

시스템 품질은 시스템에 오류가 있는가와 관련이 있는 것으로 사용자 상호작용의 일관성, 사용의 용이, 응답률, 문서화, 프로그램 코드의 품질과 유지를 포함한다. 본 연구에서는 시스템 품질을 사용자와 정보시스템 사이의 관계로 전제하고, 시스템 품질을 "정보시스템 기능의 운영적 효율성"으로 정의한다. 측정척도는 박희석(2001), 장명복(2000), 이경근(1999)이 이용한 척도를 토대로 전문가의 의견수렴을 거쳐, 시스템 품질의 구성 차원으로서 접근성, 용이성, 호환성, 이해가능성, 시스템 유연성 5개 항목으로 구성하였다. 이 항목들을 이용하여 '전혀 그렇지 않다'를 1점, '보통이다'를 4점, '매우 그렇다'를 7점으로 하는 라이커트(Likert) 7점 등간척도를 사용하였다.

7) 서비스 품질

서비스 품질은 전반적인 정보시스템 서비스에 대한 품질을 의미하는 것이 아니라 정보시스템 부서의 지원과 유사한 개념이다. 본 연구에서는 서비스 품질을 사용자와 정보시스템 사이의 관계로 전제하고, 서비스 품질을 "호텔정보시스템 담당부서가 이용자에게 제공하는 서비스"로 정의한다. 측정척도는 정승환(2002), 박희석(2001), 허정봉(2000), Pitt et al.(1995, 1997), Kettinger & Lee(1994)가 이용한 척도를 토

대로 전문가의 의견수렴을 거쳐, 서비스 품질의 구성 차원으로서 문제
해결성, 신속성, 기술제공, 협조성의 4개 항목으로 구성하였다. 이 항
목들을 이용하여 '전혀 그렇지 않다'를 1점, '보통이다'를 4점, '매우
그렇다'를 7점으로 하는 라이커트(Likert) 7점 등간척도를 사용하였다.

8) 사용자 만족

사용자 만족은 "시스템의 사용이 자신의 업무성과를 강화시켜 왔다
고 믿는 정도"로서 지각된 유용성과 밀접한 관련이 있다. 본 연구에서
는 사용자 만족을 "호텔정보시스템을 사용한 후 느끼는 전반적인 만족
의 정도"로 정의한다. 측정척도는 박희석(2001), 엄홍섭(1999),
Seddon(1997), Seddon & Kiew(1994), Bitner & Hubbert(1994)가
이용한 척도를 토대로 전문가의 의견수렴을 거쳐, 사용자 만족의 구성
차원으로서 호텔정보시스템의 복합적 서비스 특성을 모두 포함한 전반
적인 사용자 만족 4개 항목으로 구성하였다. 이 항목들을 이용하여
'전혀 그렇지 않다'를 1점, '보통이다'를 4점, '매우 그렇다'를 7점으로
하는 라이커트(Likert) 7점 등간척도를 사용하였다.

IV. 실증분석과
연구결과의 해석

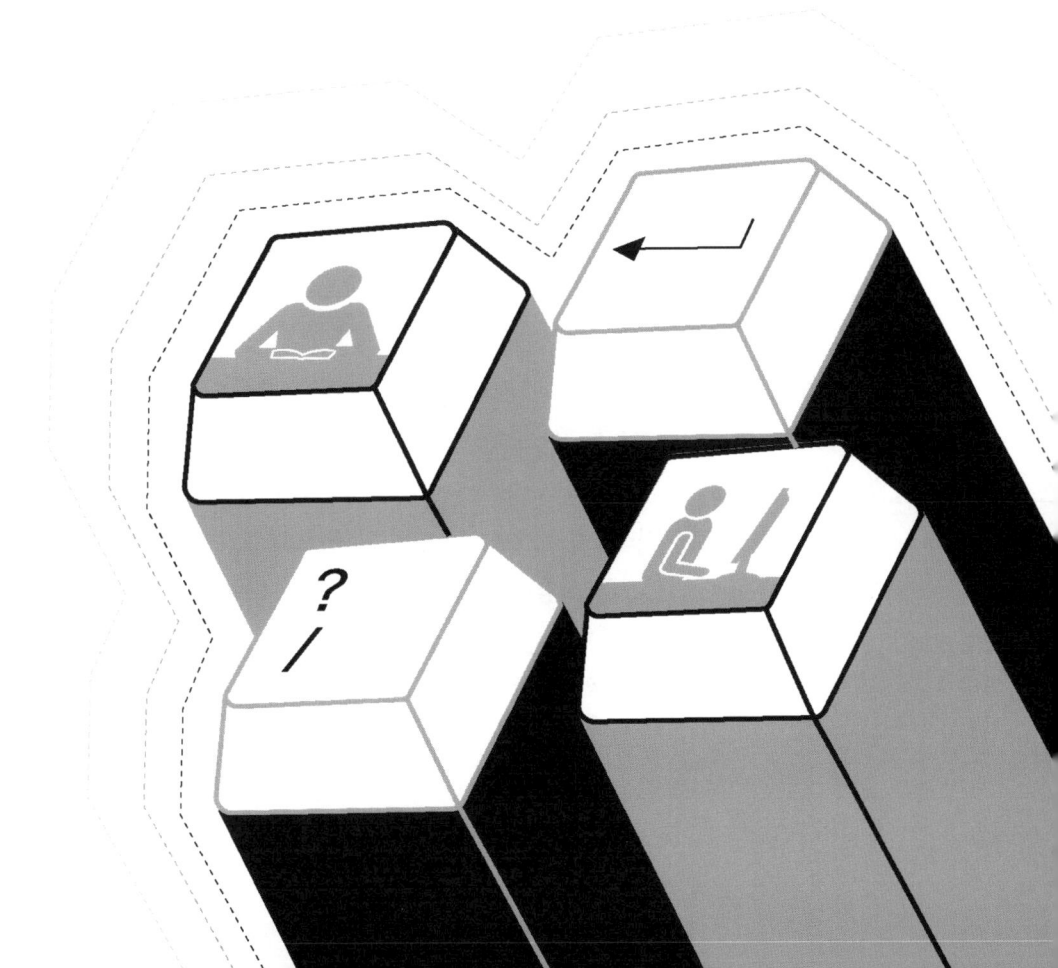

1. 연구표본의 특성

1) 설문지 배부와 회수현황

　본 연구를 수행하고자 선정된 대상호텔은 서울에 소재한 특1급 호텔과 특2급 호텔을 선정하였고, 특1급 호텔은 르네상스 서울호텔, 서울힐튼호텔, 쉐라톤 워커힐, 그랜드 힐튼, 웨스틴 조선호텔 서울, 래디슨 서울프라자호텔, 그랜드 인터콘티넨탈호텔, 코엑스 인터콘티넨탈호텔, 호텔롯데, 호텔롯데월드, 호텔신라, 그랜드하얏트 서울, 리츠칼튼 서울호텔, 메리어트호텔, 호텔 아미가 등 15개 호텔이다. 특2급 호텔은 타워호텔, 서울 팔래스호텔, 호텔 뉴월드, 홀리데이인 서울, 세종호텔, 코리아나호텔, 호텔 캐피탈, 호텔 리베라, 노보텔 앰베서더 강남, 올림피아 호텔, 프레지던트 호텔, 호텔 엘루이 등 12개 호텔을 조사대상 호텔로 선정하였다.

　본 연구의 설문지 배부 및 회수는 2002년 4월 15일부터 4월 25일까지 11일간 진행되었으며 총 810부를 배부하여 613부를 회수하였으

며 분석대상에 최종 사용된 설문지는 총 583부(특1급 호텔 317부, 특
2급 호텔 266부)로 이용가능률은 72.0%로 나타났다. 구체적인 설문지
의 배부와 회수현황은 다음의 <표 4-1>과 같다.

<표 4-1> 설문지 배부와 회수현황

구 분	설문지 배부	설문지 회수	회수율	이용가능한 설문지	이용가능률
내 용	810부	613부	75.7%	583부	72.0%

2) 연구표본의 인구·통계적 특성

본 조사에서 회수된 표본대상 응답자의 일반적인 특성은 <표 4-2>
와 같다. 그 내용을 요약하면, 연령별 구성비는 30대가 41.2%로 가장
높았고, 50대 이상은 1.2%에 지나지 않아 높은 연령층의 비율이 낮은
것은 구조조정과 관련된 결과라 추측이 된다. 근무 기간별 구성비는
2~3년이 25.2%로 가장 높고, 4~5년이 14.9%로 가장 낮았다. 4년 이
상이 58.8%로 나타났다. 정보시스템 사용 기간별 구성비는 2~3년이
35.5%로 가장 높고, 11년 이상은 7.5%로 가장 낮게 나타났다. 근무
부서별 구성비는 객실부문이 29.3%, 식음료부문이 31.2% 관리 / 지원
부문이 27.1%로 비교적 부서별 고르게 분포되었고 전산부문 및 기타
부문도 12.3%나 되었다.

〈표 4-2〉 표본의 인구·통계적 특성

구 분		빈도 (명)	비율 (%)	구 분		빈도 (명)	비율 (%)
연 령	20대	215	36.9	근무 연수	1년	93	16.0
	30대	240	41.2		2-3년	147	25.2
	40대	121	20.8		4-5년	87	14.9
	50대	6	1.0		6-10년	132	22.6
	60대 이상	1	0.2		11년 이상	124	21.3
정보 시스템 사용 기간	1년	133	22.8	근무 부서	객실	171	29.3
	2-3년	207	35.5		식음료	182	31.2
	4-5년	105	18.0		관리 / 지원	158	27.1
	6-10년	94	16.1		전산	38	6.5
	11년 이상	44	7.5		기타	34	5.8
직 급	사원	284	48.7	학 력	고졸	28	4.8
	주임 / 계장	155	26.6		전문대졸	260	44.6
	대리 / 과장	121	20.8		대학교졸	245	42.0
	차장 / 부장	23	3.9		대학원 이상	50	8.6
	임 원	0	0	객실 규모	300실대	188	32.2
호텔 등급	특1급	317	54.4		400-500실대	174	29.8
					600-800실대	97	16.6
	특2급	266	45.6		900실대 이상	32	5.5
					기타	92	15.8

직급별 구성비는 사원이 48.7%로 가장 높고, 차장 / 부장도 3.9%나 되었다. 학력별 구성비는 전문대학 졸업자가 44.6%로 가장 높고, 대학원 재학 이상도 8.6%나 되었다. 호텔등급별 구성비는 특1급 호텔이 54.4%이고 특2급 호텔이 45.6%로 나타났다. 객실규모별 구성비는 300실대 규모가 32.2%로 가장 높고, 900실 이상도 5.5%나 되었다.

2. 측정도구의 평가

1) 타당도 및 신뢰도 평가

본 연구에서는 호텔정보시스템의 EDP내부통제와 품질 그리고 사용자 만족의 변수들에 대한 타당성을 확보하기 위하여 문헌연구를 통한 호텔정보시스템의 EDP내부통제, 품질, 사용자 만족의 주요 항목을 추출하여 예비조사를 통한 요인분석의 절차를 거쳐, 전문가의 의견을 반영한 항목조정을 실시하였다. 문헌연구와 예비조사를 통해 설문지 초안을 작성하고 호텔실무경험이 풍부한 교수와 업계 전문가들의 의견수렴을 거쳐 조정작업을 하였다.

조정작업에서는 예비조사를 거쳐 발생되었던 문제점을 용어, 이해도, 정확도, 문장의 길이, 항목과 문항 수와 지질, 색상, 용지의 크기, 활자체, 디자인 측면까지 세밀하게 검토하였다. 또한 예비조사의 설문지를 요인분석과 전문가의 의견수렴을 통해 최종 40개 변수로 확정하였다. 이와 같이 설문지 개발 및 구성과정, 예비조사과정 등을 통해 설문지의 내용타당성 및 개념타당성을 확보하고자 노력하였다.

설문지의 응답에 대한 내적 일관성을 파악하기 위하여 응답에 대한 신뢰도 분석을 실시하였다. 신뢰도 평가는 크론바하 알파(Cronbach α) 계수에 대한 분석을 실시하였다. <표 4-3>과 같이 신뢰도를 분석한 결과 크론바하 알파값이 독립변수로 이용되는 일반통제는 0.8353, 응용통제는 0.8872, 정보 품질은 0.9306, 시스템 품질은 0.8984, 서비스 품질은 0.9264, EDP내부통제가 0.7690, 호텔정보시스템 품질이 0.8610, 사용자 만족은 0.9419로 나타났다. 즉 크론바하 알파값이 모두 0.65 이상으로 나타나 각 요인에 대한 신뢰도가 아주 높다는 것을 보여주고 있다.

<표 4-3> 신뢰도 분석 결과

요인명	변 수	문항 수	항목 - 전체 상관계수	크론바하 알파값
일반통제	A1	5	0.6443	0.8353
	A2		0.7016	
	A3		0.6671	
	A4		0.5603	
	A5		0.6298	
응용통제	B1	4	0.7434	0.8872
	B2		0.8032	
	B3		0.8062	
	B4		0.6681	
정보 품질	C1	5	0.7876	0.9306
	C2		0.8516	
	C3		0.8233	
	C4		0.8445	
	C5		0.7764	
시스템 품질	D1	5	0.6430	0.8984
	D2		0.8148	
	D3		0.7906	
	D4		0.7979	
	D5		0.7393	
서비스 품질	E1	4	0.8331	0.9264
	E2		0.8550	
	E3		0.8184	
	E4		0.8085	
EDP내부통제	A6	2	0.6247	0.7690
	B5		0.6247	
호텔정보 시스템 품질	C6	3	0.7163	0.8610
	D6		0.7657	
	E5		0.7284	
사용자 만족	F1	4	0.8661	0.9419
	F2		0.8799	
	F3		0.8484	
	F4		0.8502	

크론바하 알파값에 의한 신뢰성 측정치 계수가 어느 정도이어야 하는가에 대한 통일된 기준은 없으나 Nunnally(1978)는 0.5−0.6 이상이면 충분하다는 주장을 하였으며, 대부분의 연구에서 0.8 이상이면 아주 양호한 수준으로 평가하고 있다.

2) 요인분석

일반적으로 요인분석을 통하여 많은 변수들 사이의 관계를 적은 수의 요인으로 축소하여 공분산 관계를 파악한다. 요인분석에는 탐색적 요인분석과 확인요인분석이 있다. 탐색적 요인분석은 일반적인 요인분석으로서 관찰된 변수들의 상호관계를 설명하는 잠재요인을 가정하는 것이 적절한 것인가를 찾지 않으면 안 된다. 이를 위해서 탐색요인분석이라는 기법을 사용한다. 이에 반하여 확인요인분석은 측정방정식만을 사용한다(강병서, 1999).

따라서 본 연구에서는 두 차례의 예비조사 과정에서 탐색적 요인분석을 통해 변수를 축소한 후, 호텔 실무진과 전문가의 의견을 반영하여 변수를 조정하였다.

확인요인분석은 특정 가설을 설정하고, 이것이 자료에서 관찰되는 관계를 어느 정도 잘 설명하고 있는가를 살펴본다. 연구자는 기존의 이론이나 경험적인 연구결과로부터 분석대상이 되는 변수에 관하여 사전지식이나 이론적인 결과를 가지고 있어, 그 내용을 가설의 형식으로 모형화한다(강병서, 1999). AMOS를 이용한 확인요인분석에서 각 항목 및 요인들 간의 관계는 <그림 4−1>과 같이 각 요인과 변수들 간의 관계를 잘 설명하고 있다.

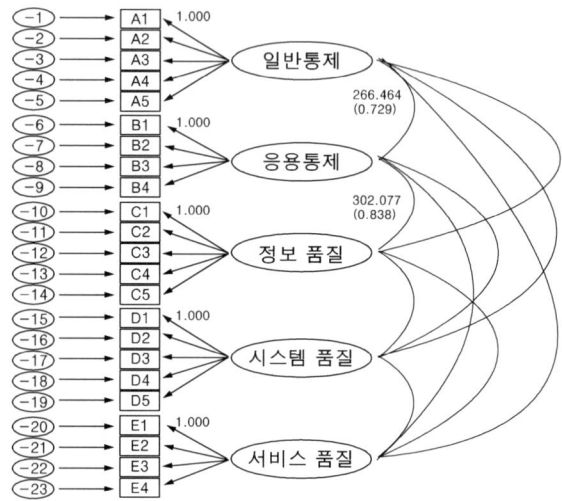

〈그림 4-1〉 AMOS를 이용한 확인요인분석 결과

3) 상관관계분석

본 연구의 분석에 이용되는 각 요인들 간의 관계를 파악하기 위해 8개 요인들 간의 상관관계분석을 실시하였다. 즉 가설검증을 하기 전에 각 변수 간의 기초적인 관련성을 파악하기 위한 것이다. 일반적으로 상관계수의 절대값이 0.2보다 작으면 상관관계가 없거나 무시해도 좋으며, 절대값이 0.4 정도이면 약한 상관관계, 0.6 이상이면 강한 상관관계로 볼 수 있다(정승환, 2001; 정기억, 1997). 본 연구에서 사용되는 각 요인들에 대한 상관관계 분석결과는 <표 4-4>와 같다. 결과에서 보는 바와 같이 상관계수가 0.6에서 0.9까지 분포하고 있으며 모두 유의적인 상관관계를 보이고 있다. 특히 호텔정보시스템의 품질과 사용자 만족이 0.875의 높은 상관관계를 보이고 있다.

〈표 4-4〉 상관관계분석 결과

구 분	일반 통제	응용 통제	정보 품질	시스템 품질	서비스 품질	사용자 만족	EDP내 부통제	정보시스 템품질
일반 통제	1.000							
응용 통제	.705**	1.000						
정보 품질	.667**	.712**	1.000					
시스템 품질	.558**	.582**	.592**	1.000				
서비스 품질	.595**	.627**	.689**	.683**	1.000			
사용자 만족	.623**	.637**	.711**	.694**	.785**	1.000		
EDP 내부 통제	.703**	.744**	.657**	.602**	.636**	.689**	1.000	
정보 시스템 품질	.606**	.633**	.772**	.749**	.797**	.855**	.726**	1.000

** p < 0.01

3. 연구가설의 검증

1) 연구모형의 적합도 분석결과

호텔정보시스템의 EDP내부통제와 품질이 사용자 만족에 미치는 영향을 검증하기 위한 가설 H1a, H1b, H2a, H2b, H2c, H3, H4, H5를 동시에 검증하기 위하여 다중회귀분석과 구조방정식모형(structural equation modeling, SEM)을 통해 이들의 관계를 검증하였다. 가장 최근에 개발된 구조방정식모형 분석을 위한 프로그램인 AMOS4.1을 사용하여 검증하였다.

본 연구에서 검증하려는 모형의 적합도는 <표 4-5>에 나타나 있는 바와 같이 여러 가지 적합도 지수 중에서 대부분이 모형의 적합도가 높다는 것을 나타내고 있다.

<표 4-5>에 나타난 연구모형에 대한 적합도에 대한 세부적인 결과를 보면 x^2통계량은 2,210.122(df=422, p=0.000)이다. x^2는 다변량 정규분포와 질량자료에 근거한 표본에만 사용될 뿐 아니라, 너무 민감하여 실제로 제안모형이 현실을 반영하지 못하는 경우도 있으며, 모형 검증의 다른 많은 조건들을 위배했을 경우 x^2에 의해 모형의 적합도를 판단하는 것은 위험하다.

〈표 4-5〉 연구모형의 적합도

구 분	x^2	RMR	GFI	AGFI	NFI
지 수	2210.122	0.031	0.963	0.969	0.962
요 인	요인1: 일반통제, 요인2: 응용통제, 요인3: 정보 품질 요인4: 시스템 품질, 요인5: 서비스 품질				

회귀분석에서의 다중결정계수와 의미가 비슷한 기초부합지수(GFI)가 0.963이고, 수정결정계수와 의미가 비슷한 조정부합지수(AGFI)가 0.969이므로 표본크기를 고려해도 양호한 모형이라 할 수 있다. 그리고 요인 간 평균차이(RMR)는 0.031로 나타났다. 이는 표본매트릭스와 재생산매트릭스 간의 각 요인들의 평균적 차이를 의미하는데, 특히 모든 측정치의 값이 표준화되었을 경우 유용한 지수이며, 이상

적인 모형이라면 RMR이 '0'에 가깝고 부적합한 모형일수록 점점
크게 나타난다. 일반적으로 정보시스템 분야에서 GFI가 0.80보다 크
고 RMR이 0.05에 가까울수록 모형의 적합도가 좋은 것으로 본다
(Etezadi-Amoli & Farhoomand, 1996). 추정모형을 영 모형(null
model)과 비교할 때 나타나는 모형이 충분부합도를 의미하는 표준 부
합지수(NFI)는 0.962로 나타나 권장기준인 0.90을 넘어서 한계 수용
치 범위 내에 있다(강병서, 1999). 따라서 제안된 모형의 적합도 지수
가 대부분 적합도 판정에 적합한 것으로 보이며, 본 연구의 특성상 탐
색적인 측면을 고려할 때 변수들 간의 관계를 추정하는 데 있어서 적
합지수는 대부분 만족할 만한 수준의 결과로 나타났음을 알 수 있다.

분석의 결과를 통해 확정된 호텔정보시스템의 EDP내부통제와 품질
의 속성 5개 요인은 일반통제, 응용통제, 정보 품질, 시스템 품질, 서
비스 품질이라고 명명하였고, 분석에서 확정된 요인들은 이후의 분석
에서 독립변수로 이용된다.

AMOS를 이용한 공분산 구조모형의 분석에서 각 항목 및 요인들
간의 관계는 <그림 4-2>에 나타나 있다.

2) 가설의 검증결과

위의 구조방정식모형 분석결과 본 연구의 가설 검증결과를 요약하면
다음과 같다.

⑴ 호텔정보시스템의 EDP내부통제

H1a: 호텔정보시스템의 일반통제는 EDP내부통제에 유의적인 영향을 미칠 것이다.

H1b: 호텔정보시스템의 응용통제는 EDP내부통제에 유의적인 영향을 미칠 것이다.

〈표 4-6〉 호텔정보시스템의 EDP내부통제 경로의 모수추정 결과

경 로	추정치	C.R(t)값
일반통제 → EDP내부통제	0.405	5.564
응용통제 → EDP내부통제	0.570	8.747

〈표 4-7〉 호텔정보시스템 EDP내부통제의 회귀분석 결과

회귀식 유의성	R^2 =0.617 Durbin—Watson = 1.845		F = 720.207 p = .000
통계량 독립변수	표준화 회귀계수	t	p
일반통제	.528	13.626	.000
응용통제	.396	9.816	.000

호텔정보시스템의 EDP내부통제 경로의 모수추정 결과와 호텔정보시스템의 EDP내부통제의 회귀분석 결과가 <표 4-6>과 <표 4-7>에서 보듯이 일반통제와 응용통제 모두 EDP내부통제에 유의한 영향을 미치고 있는 것으로 나타났다. 특히 응용통제가 일반통제보다 훨씬 더 큰 영향을 미치는 것으로 분석되었다. 따라서 가설 H1a, H1b는 모두 채택되었다.

(2) 호텔정보시스템의 품질

H2a: 호텔정보시스템의 정보 품질은 호텔정보시스템의 품질에 유의적인 영향을 미칠 것이다.

H2b: 호텔정보시스템의 시스템 품질은 호텔정보시스템의 품질에 유의적인 영향을 미칠 것이다.

H2c: 호텔정보시스템의 서비스 품질은 호텔정보시스템의 품질에 유의적인 영향을 미칠 것이다.

〈표 4-8〉 호텔정보시스템의 품질 경로의 모수추정 결과

경 로	추정치	C.R(t)값
정보 품질 → 호텔정보시스템 품질	0.243	6.617
시스템 품질 → 호텔정보시스템 품질	0.237	6.549
서비스 품질 → 호텔정보시스템 품질	0.378	9.284

〈표 4-9〉 호텔정보시스템 품질의 회귀분석 결과

회귀식 유의성	R^2 = 0.767 Durbin-Watson = 1.800		F = 634.514 p = .000
독립변수　　통계량	표준화 회귀계수	t	p
정보 품질	.379	12.453	.000
시스템 품질	.276	9.516	.000
서비스 품질	.357	11.168	.000

호텔정보시스템의 품질 경로의 모수추정 결과와 호텔정보시스템 품질의 회귀분석 결과를 <표 4-8>과 <표 4-9>에서 보듯이 정보 품질, 시스템 품질, 서비스 품질 모두 호텔정보시스템의 품질에 유의한 영향을 미치고 있는 것으로 나타났다. 특히 서비스 품질이 가장 큰 영향을

미치고 정보 품질이 가장 작은 영향을 미치는 것으로 분석되었다. 따라서 가설 H2a, H2b, H2c는 모두 채택되었다.

(3) 호텔정보시스템의 EDP내부통제와 품질

H3: 호텔정보시스템의 EDP내부통제는 호텔정보시스템의 품질에 유의적인 영향을 미칠 것이다.

〈표 4-10〉EDP내부통제와 품질 경로의 모수추정 결과

경 로	추정치	C.R(t)값
EDP내부통제 → 호텔정보시스템 품질	0.182	6.759

〈표 4-11〉EDP내부통제와 품질의 회귀분석 결과

회귀식 유의성	$R^2 = 0.527$ Durbin-Watson = 1.668		$F = 646.084$ $p = .000$
독립변수　　　통계량	표준화 회귀계수	t	p
EDP내부통제	.756	25.418	.000

호텔정보시스템의 EDP내부통제와 품질 경로의 모수추정 결과와 EDP내부통제와 품질의 회귀분석 결과를 <표 4-10>과 <표 4-11>에서 보듯이 호텔정보시스템의 EDP내부통제는 호텔정보시스템의 품질에 유의한 영향을 미치고 있는 것으로 나타났다. 따라서 가설 H3은 채택되었다.

김응준(1998)은 "EDP내부통제구조가 회계정보시스템의 성과에 미치는 영향"에서 일반통제의 실시 정도는 회계정보시스템의 성과인 정보의 질에 조직 및 운영통제, 접근 및 보안통제 등이 가장 큰 영향을 미

치고 있고, 응용통제의 실시 정도는 회계정보시스템의 성과인 정보의
질에 입력 및 처리통제가 영향을 미치고 있다고 밝히고 있다. 본 연구
는 김웅준(1998)의 연구결과와 일치한다고 볼 수 있다.

(4) 호텔정보시스템의 EDP내부통제와 사용자 만족

H4: 호텔정보시스템의 EDP내부통제는 사용자 만족에 유의적인 영향을
미칠 것이다.

〈표 4-12〉 EDP내부통제와 사용자 만족의 경로의 모수추정 결과

경　로	추정치	C,R(t)값
EDP내부통제 → 사용자 만족	0.047	1.455

〈표 4-13〉 호텔정보시스템의 EDP내부통제, 품질과
사용자 만족의 회귀분석 결과-1

회귀식 유의성	$R^2 = 0.741$ Durbin−Watson = 1.990		$F = 827.833$ $p = .000$
통계량 독립변수	표준화 회귀계수	t	p
EDP내부통제	.154	4.724	.000
호텔정보시스템 품질	.764	24.396	.000

〈표 4-14〉 호텔정보시스템의 EDP내부통제, 품질과 사용자 만족의 회귀분석 결과-2

회귀식 유의성	$R^2 = 0.767$ Durbin−Watson = 1.800		F = 634.514 p = .000
통계량 독립변수	표준화 회귀계수	t	p
일반통제	.088	2.560	.011
응용통제	.039	1.073	.284
정보 품질	.212	5.683	.000
시스템 품질	.212	6.509	.000
서비스 품질	.417	11.581	.000

호텔정보시스템의 EDP내부통제와 사용자 만족 경로의 모수추정 결과, <표 4-12>에서 보듯이 호텔정보시스템의 EDP내부통제는 호텔정보시스템의 사용자 만족에 유의한 영향을 미치지 않는 것으로 나타났다. 그러나 회귀분석 결과인 <표 4-13>에서처럼 호텔정보시스템 EDP내부통제가 사용자 만족에 다소 약하지만 유의한 영향을 미치는 것으로 나타났다. 그래서 그 원인을 파악하기 위하여 일반통제, 응용통제, 정보 품질, 시스템 품질 그리고 서비스 품질을 독립변수로 하고 사용자 만족을 종속변수로 하여 회귀분석을 실시한 결과를 <표 4-14>에 나타내었다. <표 4-14>에서 보는 바와 같이 5개의 독립변수 중 응용통제가 사용자 만족에 유의하지 않은 것으로 나타났다. 따라서 호텔정보시스템 EDP내부통제가 사용자 만족에 유의한 영향을 미치는지에 관해서 AMOS를 이용한 공분산 구조모형의 분석에서는 유의한 영향을 미치지 않고, 회귀분석에서는 유의한 영향을 미치는 것으로 나온 이유는 바로 일반통제는 사용자 만족에 유의한 영향을 미치나 응용통제는 사용자 만족에 유의한 영향을 미치지 않기 때문이다. 이 결과는 김궁헌(1992)의 연구결과와 일치한다.

김응준(1998)은 "EDP내부통제구조가 회계정보시스템의 성과에 미치는 영향"에서 일반통제의 실시 정도는 회계정보시스템의 성과인 사용자 만족에 시스템 개발 및 문서화 통제, 하드웨어 및 소프트웨어 통제 등이 가장 큰 영향을 미치고 있고, 응용통제의 실시 정도는 회계정보시스템의 성과인 사용자 만족에 입력 및 처리통제가 영향을 미친다고 밝히고 있다. 그러나 본 연구결과는 김응준(1998)의 연구결과와 일치한지 않는다고 볼 수 있다. 그래서 H4는 기각되었다.

호텔정보시스템의 EDP내부통제는 사용자 만족에 직접적인 영향을 미치지는 않지만 간접적인 영향을 미친다. 왜냐하면 H4에서처럼 호텔정보시스템의 EDP내부통제가 호텔정보시스템의 품질에는 유의적인 영향을 미쳐 후술하는 H5와 같이 호텔정보시스템의 품질이 사용자 만족에 영향을 미치기 때문이다. 호텔정보시스템의 EDP내부통제가 사용자 만족에 직접적으로 영향을 미치지 않는 이유는 호텔정보시스템의 사용자가 아직도 EDP내부통제 중 일반통제 자체는 만족요인으로 인식하고 있지만, 응용통제는 아직 만족요인으로 보지 않기 때문이다. 즉 호텔정보시스템에 있어서 EDP내부통제 중 일반통제는 사용자에게 어느 정도 인식되어 있지만 응용통제는 보편화된 개념으로 받아들이고 있지는 않다고 볼 수 있다.

(5) 호텔정보시스템의 품질과 사용자 만족

H5: 호텔정보시스템의 품질은 사용자 만족에 유의적인 영향을 미칠 것이다.

〈표 4-15〉 호텔정보시스템 품질과 사용자 만족 경로의 모수추정 결과

경 로	추정치	C.R(t)값
호텔정보시스템 품질 → 사용자 만족	1.013	20.535

호텔정보시스템의 품질과 사용자 만족 경로의 모수추정 결과인 <표 4-15>와 회귀분석의 결과인 <표 4-13>에서 보듯이 호텔정보시스템의 품질은 호텔정보시스템의 사용자 만족에 아주 유의한 영향을 미치고 있는 것으로 나타났다. 따라서 가설 H5는 채택되었다. 이 결과는 허정봉(2001), Kettinger & Lee(1997), Van Dyke et al.(1997), Seddon(1997), Pitt et al.(1995), DeLone & McLean(1992)의 선행연구의 결과와 일치한 것으로 나타났다.

서창적(1995)은 "정보시스템 통합서비스의 품질요인 및 측정에 관한 연구"에서 인지된 정보시스템 관리서비스의 품질과 고객만족 간의 상관관계가 매우 높다고 밝히고 있다. 장명복(2000)은 "정보시스템 품질이 경영성과에 미치는 영향에 관한 연구"에서 정보시스템의 품질은 사용자 만족 및 기업성과에 정(+)의 영향을 미치고, 정보시스템의 환경수준에 따른 정보시스템의 품질은 차이가 있다고 밝히고 있다. 본 연구의 결과는 서창적(1995), 장명복(2000)의 연구 결과와 일치한다고 볼 수 있다.

3) 분석결과 요약

본 조사연구는 크게 세 가지로 구분할 수 있다. 첫째는 호텔정보시스템의 EDP내부통제와 호텔정보시스템의 품질 간의 관계이고, 둘째는 호텔정보시스템의 EDP내부통제와 사용자 만족 간의 관계이고, 셋째는 호텔정보시스템 품질과 사용자 만족 간의 미치는 영향을 검증하는 것이었다.

이상의 조사연구에서 행한 가설검증의 결과는 <표 4-16>에 요약되어 있다.

<표 4-16> 가설검증 결과의 요약

구분	가 설	채택 / 기각
H1a	—호텔정보시스템의 일반통제는 EDP내부통제에 유의적인 영향을 미칠 것이다.	채 택
H1a	—호텔정보시스템의 응용통제는 EDP내부통제에 유의적인 영향을 미칠 것이다.	채 택
H2a	—호텔정보시스템의 정보 품질은 호텔정보시스템의 품질에 유의적인 영향을 미칠 것이다.	채 택
H2b	—호텔정보시스템의 시스템 품질은 호텔정보시스템의 품질에 유의적인 영향을 미칠 것이다.	채 택
H2c	—호텔정보시스템의 서비스 품질은 호텔정보시스템의 품질에 유의적인 영향을 미칠 것이다.	채 택
H3	—호텔정보시스템의 EDP내부통제는 호텔정보시스템의 품질에 유의적인 영향을 미칠 것이다.	채 택
H4	—호텔정보시스템의 EDP내부통제는 사용자 만족에 유의적인 영향을 미칠 것이다.	기 각
H5	—호텔정보시스템의 품질은 사용자 만족에 유의적인 영향을 미칠 것이다.	채 택

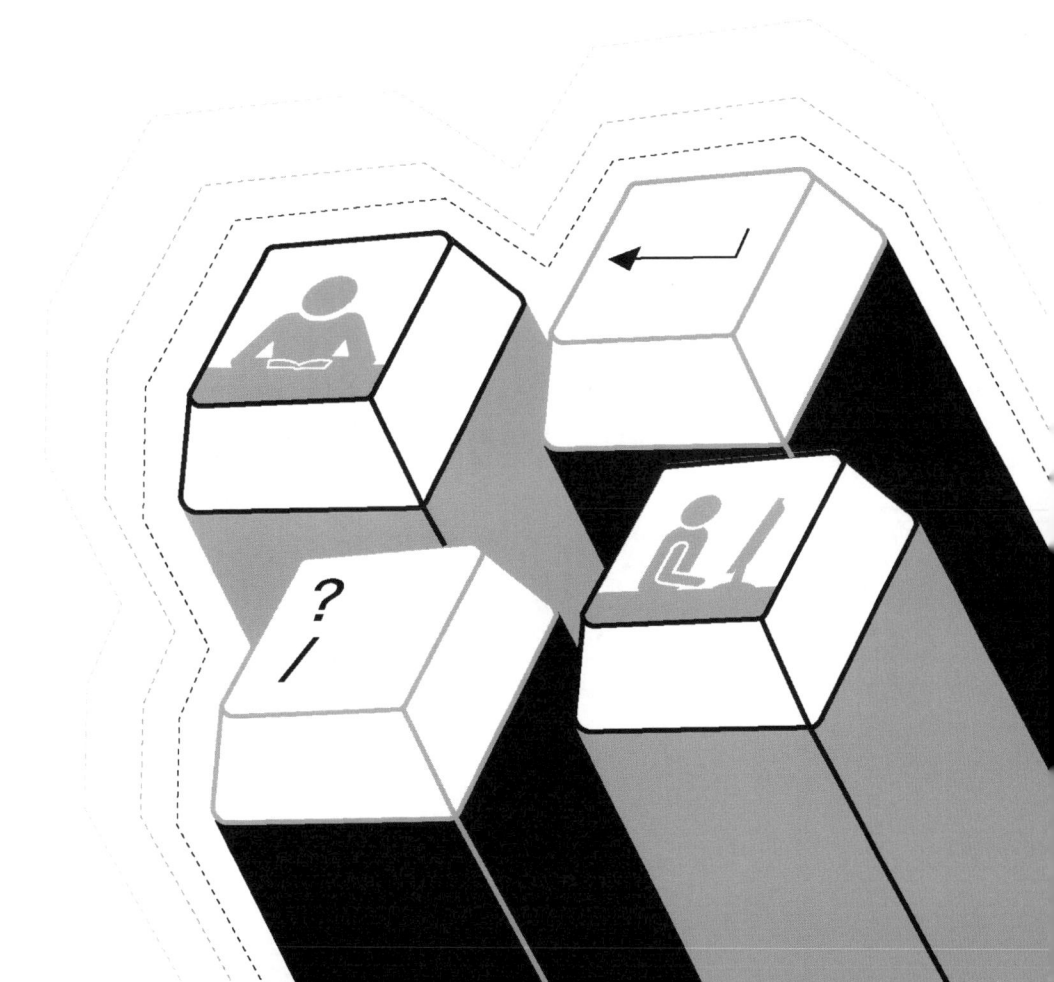

>>> V. 결 론

1. 연구결과의 요약 및 시사점

　본 연구는 호텔정보시스템의 EDP내부통제와 품질이 사용자 만족에 미치는 영향을 파악하고자 하였으며, 호텔정보시스템의 EDP내부통제를 구성하는 일반통제, 응용통제와 호텔정보시스템의 정보 품질, 시스템 품질, 서비스 품질 그리고 사용자 만족 간의 관계를 검증한 선행연구들을 통한 문헌연구와 특급호텔을 대상으로 한 실증연구를 병행하였다.

　본 연구의 조사대상은 서울 시내에 있는 특1급 호텔과 특2급 호텔을 표본으로 해서 호텔종업원을 대상으로 설문조사를 실시하였다. 설문지는 810부를 배부하여 613부를 회수하여 실증분석에는 583부를 사용하였다. 설문조사 기간은 2002년 4월 15일부터 4월 25일까지 11일 동안 실시하였다.

　본 연구에서의 자료분석은 사회과학 분야에서 널리 사용되고 있는 SPSS10.0 통계패키지를 이용하여 빈도분석, 기술분석, 요인분석, 신뢰도분석, 상관관계분석 등을 실시하였고, AMOS4.1을 이용하여 확인요인분석과 공분산 구조모형의 분석을 실시하였다. 선행연구를 바탕으로 연구모형과 가설을 설정하고 이를 검증하기 위한 실증분석을 실시하였다. 그 결과를 요약하면 다음과 같다.

첫째, 호텔정보시스템의 EDP내부통제 경로의 모수추정과 회귀분석을 실시한 결과, 일반통제와 응용통제 모두 EDP내부통제에 유의한 영향을 미치고 있는 것으로 나타났다. 특히 응용통제가 일반통제보다 훨씬 더 큰 영향을 미치는 것으로 분석되었다.

둘째, 호텔정보시스템의 품질 경로의 모수추정과 회귀분석을 실시한 결과, 정보 품질, 시스템 품질, 서비스 품질 모두 호텔정보시스템의 품질에 유의한 영향을 미치고 있는 것으로 나타났다. 특히 서비스 품질이 가장 큰 영향을 미치고 정보 품질이 가장 작은 영향을 미치는 것으로 분석되었다.

셋째, 호텔정보시스템의 EDP내부통제와 품질 경로의 모수추정과 회귀분석을 실시한 결과, 호텔정보시스템의 EDP내부통제는 호텔정보시스템의 품질에 유의한 영향을 미치고 있는 것으로 나타났다.

넷째, 호텔정보시스템의 EDP내부통제와 사용자 만족 경로의 모수추정과 회귀분석을 실시한 결과, AMOS를 이용한 연구모형의 분석에서는 호텔정보시스템의 EDP내부통제는 호텔정보시스템의 사용자 만족에 유의한 영향을 미치지 않는 것으로 나타났다. 그러나 회귀분석에서는 호텔정보시스템의 EDP내부통제가 사용자 만족에 약하지만 유의한 영향을 미치는 것으로 나타났다. 그 원인을 파악하기 위하여 일반통제, 응용통제, 정보 품질, 시스템 품질 그리고 서비스 품질을 독립변수로 하고 사용자 만족을 종속변수로 하여 회귀분석을 실시한 결과, 5개의 독립변수 중 응용통제가 사용자 만족에 유의하지 않은 것으로 나타났다. 따라서 호텔정보시스템 EDP내부통제가 사용자 만족에 AMOS를 이용한 연구모형의 분석에서는 유

의한 영향을 미치지 않고, 회귀분석에서는 유의한 영향을 미치는
것으로 나온 이유는 바로 일반통제는 사용자 만족에 유의한 영향을
미치고, 응용통제는 사용자 만족에 유의한 영향을 미치지 않기 때
문인 것으로 여겨진다. 이 결과는 김긍헌(1992)의 연구결과와 일치
한다. 호텔정보시스템의 EDP내부통제가 사용자 만족에 직접적으로
영향을 미치지 않는 이유는 호텔정보시스템의 사용자가 아직도
EDP내부통제 중 응용통제를 만족요인으로 보지 않기 때문이다. 즉
호텔정보시스템에 있어서 EDP내부통제 중 일반통제는 사용자에 어
느 정도 인식되어 있지만, 응용통제는 보편화된 개념으로 수용되지
않고 있다.

　다섯째, 호텔정보시스템의 품질과 사용자 만족 경로의 모수추정과
회귀분석 결과, 호텔정보시스템의 품질은 호텔정보시스템의 사용자 만
족에 아주 유의한 영향을 미치고 있는 것으로 나타났다.

　호텔기업의 경영에 있어서 호텔정보시스템의 구축과 효율적인 운용
은 경쟁우위의 핵심전략이 되고 있으며, 호텔정보시스템을 통한 경쟁
력이 확보되면 성장잠재력은 물론 고부가가치산업으로 탈바꿈될 것이
다. 따라서 호텔기업의 호텔정보시스템이 효율적으로 EDP내부통제가
이루어지고, 호텔정보시스템의 정보 품질, 시스템 품질, 서비스 품질이
향상되면 호텔기업의 종업원 만족도, 즉 사용자 만족도가 높아져 결과
적으로 호텔기업의 경영성과도 호전될 것이다. 따라서 호텔정보시스템
의 EDP내부통제와 품질 그리고 사용자 만족 간의 관계를 실증적으로
분석하여 호텔기업의 경영진에게 호텔정보시스템의 운용에 관한 올바
른 의사결정 자료를 제공할 수 있다.

　본 연구에서는 호텔종업원들이 인식하고 있는 호텔정보시스템의 일
반통제와 응용통제가 호텔정보시스템의 EDP내부통제에 미치는 영향과

호텔정보시스템의 EDP내부통제가 호텔정보시스템의 품질과 사용자 만족에 미치는 영향을 분석하였다. 그리고 호텔종업원들이 인식하고 있는 호텔정보시스템의 정보 품질, 시스템 품질, 서비스 품질이 호텔정보시스템의 품질에 미치는 영향과 호텔정보시스템의 품질이 사용자 만족에 미치는 영향을 분석하였다.

본 연구의 기존연구와의 차이점은 다음과 같다.

첫째, 호텔정보시스템의 EDP내부통제가 호텔정보시스템의 품질과 사용자 만족에 영향을 미치는지를 종합적으로 측정하였다.

둘째, 본 연구모형은 조직적 수준이 아니라 개인적 수준의 측정이므로 조직적 성과와의 직접적인 연결 대신에 사용자의 행위론적 관점에서 사용자 만족도를 측정하였다.

셋째, 본 연구모형은 선행연구에서 EDP내부통제와 정보시스템의 품질이 사용자 만족 간의 관계를 별개로 연구해 온 것을 동시에 묶어 EDP내부통제가 정보시스템의 품질에 영향을 미치는지를 분석하여 EDP내부통제와 정보시스템의 품질을 통합하여 연구모형을 제시하였다.

넷째, 호텔정보시스템을 대상으로 EDP내부통제와 품질을 종합적으로 측정하는 최초의 실증적 연구라는 점이다.

이상과 같은 연구결과의 시사점은 다음과 같다.

첫째, 호텔정보시스템의 EDP내부통제에 일반통제와 응용통제에 영향을 미치고 있는 것으로 나타났다. 그중에서 응용통제가 EDP내부통제에 더 큰 영향을 미치는 것으로 나타났다. 따라서 호텔정보시스템 EDP내부통제업무에 있어서 일반적인 통제보다는 구체적인 프로그램의 운영, 즉 입력, 처리, 출력업무의 통제에 더 많은 노력과 업무비중을 높여야 할 것으로 보인다.

둘째, 호텔정보시스템의 품질에 정보 품질, 시스템 품질, 서비스 품질 모두 영향을 미치는 것으로 나타났다. 그 중요도는 서비스 품질, 시스템 품질, 정보 품질 순으로 나타났다. 호텔정보시스템의 품질에 대한 그간의 연구는 정보 품질과 시스템 품질에 집중되었다. 상대적으로 서비스 품질에 대한 연구는 최근에 대부분 시도되었다. 이 연구결과는 정승환(2002)의 호텔기업의 정보화가 서비스 품질과 경영성과에 미치는 영향에 관한 연구에서 호텔기업에서 정보화 수준이 서비스 품질향상에 영향을 미친다는 주장과 일치하고, 허정봉(2001)의 호텔정보시스템의 서비스 품질측정에 관한 연구에서 호텔종업원의 고객에 대한 인적 서비스는 호텔정보시스템을 이용하여 제공하는 서비스에 관계가 있다는 주장과도 일치한다. 그리고 Pitt. et al. 등이 DeLone & McLean(1992)의 모형에 서비스 품질을 추가해야 한다는 주장과도 일치한다. 이는 호텔영업에 있어서 비중이 높은 인적 서비스에 호텔정보시스템을 이용함으로써 더욱 고도화된 서비스를 제공할 수 있을 것이다. 예를 들어, 웨스틴조선호텔은 객실에 노트북 등 정보사무기기 등을 2000년도 말부터 설치하였고, 개인휴대 정보단 말기(PDA)까지 준비하였다. 호텔 투숙객은 호텔 밖에서도 PDA를 통한 메일 확인이나 길 찾기, 통역서비스 등을 받을 수 있어서 인적 서비스의 한계를 극복하고 있다. 따라서 호텔정보시스템의 서비스 품질을 높여 경영성과를 높이려는 호텔기업들의 노력이 한층 높아질 것이다.

셋째, 호텔정보시스템의 EDP내부통제가 호텔정보시스템의 품질에 영향을 미치는 것으로 나타났다. 이는 김응준(1998)의 EDP내부통제가 회계정보시스템의 성과에 미치는 영향에서 EDP내부통제가 회계정보시스템의 정보 품질에 영향을 미친다는 주장과 일치한다. 호텔경영에 있어서 EDP내부통제가 호텔정보시스템의 품질에 영향을 미치고 있음을 확인하였다. 따라서 호텔기업의 소유주나 최고경영진들은 경영계획의 수립에 있어서 EDP내부통제의 중요성을 인식하고 호텔정보시스템의 품질과 동시에 고려하여야 할 것이다.

넷째, 호텔정보시스템의 EDP내부통제가 사용자 만족에 영향을 미치지 않는 것으로 나타났다. 이는 김응준(1998)의 EDP내부통제가 회계정보시스템의 성과에 미치는 영향에서 EDP내부통제가 회계정보시스템의 사용자 만족에 영향을 미친다는 주장과 일치하지 않는다. 호텔정보시스템의 EDP내부통제가 호텔정보시스템의 품질에는 직접적인 영향을 미치지만, 사용자 만족에는 직접적인 영향을 미치지 않고 간접적으로 영향을 미친다고 볼 수 있다. 그러므로 종업원의 만족도를 높이기 위해서는 EDP내부통제에도 큰 관심을 가져야 함을 알 수 있다.

다섯째, 호텔정보시스템의 품질이 사용자 만족에 영향을 미치고 있는 것으로 나타났다. 호텔정보시스템의 품질이 호텔종업원이 고객에 서비스를 제공하는 과정에 지대한 역할을 하고 있음이 판명되었다. 따라서 호텔기업의 경영진들은 호텔정보시스템의 품질에 대하여 종업원들이 관심과 애착을 가질 수 있도록 여러 방안을 강구해야 할 것이다. 현대의 호텔경영에 있어서 종업원과 고객의 만족을 위해서는 호텔정보시스템의 품질이 중요함을 알 수 있었다. 이는 호텔종업원은 빠르게 변화하는 고객욕구에 대응한 대처능력을 가질 수 있는 것으로 서비스의 차별화와 권한위임을 가질 수 있는 내용이다. 따라서 경쟁이 치열해지는 호텔경영의 환경하에서 경쟁력을 확보하기 위해서는 호텔정보시스템의 EDP내부통제와 호텔정보시스템의 품질을 동시에 전략적인 차원에서 고려하여 호텔의 내부고객인 종업원의 만족도를 높여 나아가 고객만족으로 발전시켜 궁극적으로 호텔기업의 가치를 극대화해야 한다.

2. 연구의 한계 및 향후 연구 과제

호텔기업의 경영에 있어서 호텔정보시스템의 EDP내부통제와 품질은 아주 중요한 위치를 점하고 있다. 본 연구는 호텔정보시스템을 이용하고 있는 호텔종업원을 대상으로 호텔정보시스템의 EDP내부통제의 일반통제와 응용통제, 호텔정보시스템 품질의 정보 품질, 시스템 품질, 서비스 품질 그리고 사용자 만족에 대한 연구모형을 제안하고 이에 대한 실증분석을 통해 만족할 만한 연구결과를 확인할 수 있었다. 그러나 본 연구의 이론적·실증적 연구의 상당한 기여에도 불구하고 몇 가지의 한계와 문제점을 지니고 있으며, 향후 연구 과제를 간략하게 제시하면 다음과 같다.

본 연구의 한계로는 첫째, 일반성의 문제이다. 본 연구는 현재 어느 정도 호텔정보시스템을 구축하고 활용하고 있다고 판단되는 서울 시내에 소재하는 특1급 호텔과 특2급 호텔을 대상으로 조사를 실시하였다. 그렇기 때문에 본 연구의 결과를 전국의 관광호텔업이나 특급호텔 외에 동일하게 적용하기에는 한계가 있다. 따라서 조사대상 호텔을 확대하여 본 연구결과를 일반화할 수 있는 후속연구가 필요하다. 예를 들면, 전체 등급별, 규모별, 지역별, 프랜차이즈 유무, 사용 호텔정보시스템 종류별, 해외 선진호텔들과의 차이 유무를 연구해 볼 필요가 있다. 그리고 조사대상 호텔종업원도 근무 부서별, 근무 경력별 구성비를 감안하여 표본을 수집하였음에도 불구하고, 표본의 대표성을 확신하기에는 다소 무리가 따른다.

둘째, 표본대상을 호텔종업원으로 한정하였기 때문에 호텔종업원이 느끼는 호텔정보시스템 활용의 한계가 있을 수 있다. 일반적으로 호텔 종업원은 본인이 근무하는 호텔에 대해 긍정적인 평가를 하려는 경향이 있다. 따라서 호텔의 내부고객인 호텔종업원의 사용자 만족이 대고객 서비스가 향상되어 고객의 만족도를 반영하는 후속연구가 필요하며, 종업원 만족과 고객 만족 간의 차이를 연구할 필요가 있다.

셋째, 본 연구는 호텔별 호텔정보시스템의 수준을 사전에 예단하고 이에 따라 호텔종업원들의 자기평가에 기초한 설문조사 자료만으로 사용자 만족에 미치는 영향에 관하여 분석을 실시한 점이 한계점이라 할 수 있다. 향후의 연구에 있어서는 호텔별 정보시스템 수준별로 구분하여 연구할 필요가 있고, 종속변수인 사용자 만족도 정성적인 자료보다는 재무성과와 같은 정량적인 자료를 이용한 분석방법을 이용하는 후속연구가 필요하다.

넷째, 본 연구는 호텔정보시스템의 EDP내부통제와 품질을 종합적으로 분석한 첫 시도인 만큼 조사연구 방법이나 이론전개가 일반화되기 위해서는 본 연구에 대한 후속연구가 계속되어야 한다.

>>> 참고문헌

강병서(1999), 인과분석을 위한 연구방법론, 무역경영사.

강병서(1999), 통계분석을 위한 SPPSS / PC +, 무역경영사.

경응수(1992), "EDP 내부통제시스템의 평가모형에 관한 연구", 중앙대학교 대학원 박사학위논문.

김궁헌(1991), "EDP 내부통제시스템의 구조와 조직의 상황변수가 회계정보시스템에 미치는 영향", 연세대학교 대학원 박사학위논문.

김궁헌(1993), 내부통제시스템이 회계정보시스템의 성과에 미치는 영향, 경영학 연구, 제22권, 제2호(통권33호), 1993년 6월, pp.43-74.

김만술(1998), "우리나라 관광호텔 회계정보시스템의 운용에 관한 연구", 한남대학교 대학원 박사학위논문.

김병희(1995), "조직상황에 따른 정보특성과 사용자 참여가 회계정보시스템의 성과에 미치는 영향에 관한 연구", 청주대학교 대학원 박사학위논문.

김연성(1998), "서비스 품질 정보시스템 설계에 관한 연구", 제12차 아시아 품질경영심포지움 발표논문집, 92-101.

김영문, 성종태(1999), "관광산업에서의 중역정보시스템 개발에 관한 연구", 호텔경영학연구, (1), pp.35-50.

김영효(1993), "조직의 상황요인에 따른 회계정보시스템의 유형 및 회계정보 이용자 만족도에 관한 연구", 서강대학교 대학원 박사학위논문.

김은주(1997), "보건교육 정보시스템 및 평가방법 개발에 관한 연구", 이화여자대학교 대학원 박사학위논문.

김응준(1998), "EDP내부통제구조가 회계정보시스템의 성과에 미치는 영향", 한남대학교 대학원 박사학위논문.

김정만, 조문수, 문태수(1998), 호텔정보시스템의 활용이 경영성과에 미치는 영향에 관한 연구, 한국관광학회, 관광학연구 특별호, 22(2), pp.249-255.

김정만, 조문수, 문태수(1999), "호텔의 경영전략과 정보시스템의 활용이 경영성과에 미치는 영향에 관한 연구", 한국호텔외식경영학회, 호텔경영학연구, 8(1), pp.303 – 320.

김정평(1986), "기업의 경영정보시스템에 관한 연구 ― 호텔기업정보시스템을 중심으로 ―", 경희대학교 경영대학원 석사학위논문.

김천중(1998), 관광정보론, 대왕사.

김천중, 김권수(2000), "관광정보기술 적용에 관한 연구", 관광경영학 연구, 7, pp.91 – 114.

김희철(1998), "정보시스템 내부통제요인 평가", 조선대학교 대학원 박사학위논문.

박봉두, 이헌수(1993), "유통시장 개방과 부산지역 유통단지 조성에 관한 연구", 부산상공회의소.

박종찬(1999), "인터넷을 활용한 관광목적지 정보시스템 구축에 관한 연구", 세종대학교 대학원 박사학위논문.

박충희(2000), "정보화 정책을 통한 관광산업 활성화 방안 연구", 관광연구, 15(1), pp.252 – 270.

박희석(2001), "호텔정보시스템의 품질과 사용자 가치·만족, 사용의도 간의 관계", 대구대학교 대학원 박사학위논문.

변정우(2000), "인터넷상 호텔과 주요 지역정보를 중심으로 한 관광정보의 활성화 방안에 관한 연구", 호텔관광연구, 2(1), pp.27 – 48.

서창적(1999), "정보시스템 통합서비스의 품질요인 및 측정에 관한 연구", 품질경영학회지, 27(4), 20 – 41.

손종호(2001), "가상대학의 시스템 품질이 사용자 성과에 미치는 영향에 관한 실증연구", 경성대학교 대학원 박사학위논문.

조남제 외, 경영정보시스템, 세영사, 1999.

송성하(2000), "서비스 품질, 고객만족, 재구매 의도와의 상호관계에 관한 연구 ― 우리나라 이동통신 서비스를 중심으로", 제주대학교 대학원 박사학위논문.

안상형, 이관석, 이명호(1998), 현대품질경영, 학현사.

양창식(1995), "호텔 회계정보시스템의 내부통제 평가에 관한 연구", 세종대학교 대학원 박사학위논문.

엄홍섭(1999), "정보시스템의 서비스 품질 측정에 관한 연구", 동아대학교 대학원 박사학위논문.

원용희, 신승중(1991), 호텔경영정보론, 대왕사, p.60.

이경근(1999), "정보시스템 서비스의 종합적 품질평가모형에 관한 연구 ― 사
　　용자관점을 중심으로 ―", 한국외국어대학교 대학원 박사학위논문.

이순묵(1990), 공변량구조분석, 성원사, 1990.

이진주·최종민, "성과를 고려한 상황변수와 회계정보시스템 특성 간의 연
　　구", 경영학연구, 제19권 제2호, 한국경영학회, 1990.

이효익(2001), 현대회계감사론, 무역경영사.

임경환(2000), 관광관련법규, 백산출판사.

장명복(2000), "정보시스템 품질이 경영성과에 미치는 영향에 관한 연구", 한
　　국품질경영학회, 품질혁신, 1(2), 26 ―41.

정기억(1997), "정보기술과 기업성과의 관련성에 관한 연구", 경북대학교 대학
　　원 박사학위논문.

정승환(2002), "호텔기업의 정보화가 서비스 품질과 경영성과에 미치는 영향",
　　세종대학교 대학원 박사학위논문.

정인근, 김운회(2002), 인터넷비즈니스원론, 선학사.

조소윤(1986), "회계 정보시스템 평가에 관한 실증적 연구 ― 관광호텔산업을
　　중심으로 ―", 동국대학교 대학원 박사학위논문.

최우종(1990), "EDP 내부통제의 감사에 있어서 감사인의 전문지식 수준에 관
　　한 연구", 충남대학교 대학원 박사학위논문.

최해수(2000), "호텔기업의 상황변수와 회계정보특성 간의 적합성이 호텔정보
　　시스템 성과에 미치는 영향", 경북대학교 대학원 박사학위논문.

한경훈(1998), "상황변수와 시스템 특성변수 간의 적합도가 회계정보시스템성
　　과에 미치는 영향에 고나한 연구", 원광대학교 대학원 박사학위논문.

한진수(2000), "호텔경영변화에 따른 21세기 호텔경영전략 연구", 한국관광호
　　텔학회, 호텔경영학연구, p.181.

허정봉(1997), "호텔객실관리시스템(Property Management System) 도입에
　　관한 연구", 한국여행학회, 여행학연구, 5, pp.253 ―272.

허정봉(1998), "호텔고객관리 통합시스템 전산화 모형에 관한 연구", 한국관광
　　학회, 관광학연구, 특별호 22(2)(통권 27호), pp.256 ―264.

허정봉(2001), "호텔정보시스템의 서비스 품질 측정에 관한 연구 ― 서울지역

특급호텔을 중심으로 — ", 경기대학교 대학원 박사학위논문.

Ahituv, N.(1980), "A systematic Approach Toward Assessing the Value of an Information Systems", *MIS Quarterly*, Vol.4, Dec., pp.61 – 75.

AICPA, Codification of auditing standards and procedures, *Statement on Auditing Standards* No.1(320.08) New York: American Institute of Certified Public Accountants, Inc., 1972.

AICPA, The Auditor's Study and Evaluation of Internal Control in EDP Systems, *A Report Prepared by the Computer Services Executive Committee*(New York: American Institute of Certified Public Accountants, 1977).

AICPA, The Computer Services Executive Committee, "The Auditor's Study and Evaluation of Internal Control in EDP System" *Auditing and Accounting Guide*(New York: AICPA, 1977).

Ananth Srinsan(1983), Alternative Measures of System Effectiveness: Associations and Implications, *MIS Quarterly*, September 1985, pp.243 – 253.

Bailey, J. E. and Pearson, W. S.(1983), "Development of a Tool of Measuring and Analyzing Computer User Satisfaction", *Management Science*, Vol.29, No.5, May, pp.530 – 544.

Baroudi, J. J. and Orlikowski, W. J.(1988), "A Short Form Measure of User Satisfaction and Notes on use", *Journal of Management Information System*, No.4, pp.44 – 59.

Brancheau, C. J. and Rrown, C. V.(1993), "The Management of End – User Computing: Status and Directions", *ACM Computing Surveys*, Vol.25, No.4, pp.437 – 482.

Chin, W. W. and Todd, P. A.(1995). "On the use, Usefulness and Ease of Use of Structural Equation Modeling in MIS Research: A Note of Caution", *MIS Quarterly*, Vol.19, No.2, pp.137 – 246.

Churchill. G. A. and Surprenant, C.(1982), "An Investigation into the Determinants of Customer Satisfaction", *Journal of Marketing*

Research, 19, Nov., pp.491 −504.

Dabholkar, P. A. and Thorpe, I. D. and Rentz, J. O.(1996), "A Measure of Service Quality for Retail Stores: Scale Development and Vaildation", *Journal of the Academy of Marketing Science*, Vol.24, No.1, pp.3 −16.

Davis, F. D.(1989), "Perceived Usefulness, perceived Ease of Use and User Acceptance of information Technology", *MIS Quaterly*, Vol.13, No, Sept, pp.319 −340.

DeLone, W. H. and McLean, E. R.(1992), "Information Systems Success: The Quest for the Dependent Variable", *Information Systems Research*, Vol.3. No.1, pp.60 −95.

Deming, W. E.(1981 −1982), "Improvement of Quality and Productivity Through Action by Management", *National Productivity Review*, Winter, pp.12 −22.

Dettinger, W. J., Lee, C. C. and Lee, S.(1995), "Golbal Measures of Information Service Quality: A Cross −National Study", *Decision Science*, Vol.26, No.5, pp.569 −588.

Doll, W. J. and Torkzadeh, G.(1988), "The Measurement of End −User Computing Satisfaction", *MIS Quatrerly*, Vol.12, Jun., pp.259 − 274.

Downie, N.(1997), "The Use of Accounting Information in Hotel Marketing Decisions." *International of Hospitality Management*, Vol.16, No.3, pp.305 −312.

Eldon, Y. Li(1997), "Perceived Imfortance of Information System Success Factors: A Meta Analysis of Group Difference." *Information and Management*, Vol.32, pp.15 −28.

Etezadi −Amoli, J. & Farhoomand, A.F.(1996), "A Structural Model of End User Computing Satisfaction and User Performance", *Information & Management*, Vol.30.

Franz, C. R. and Robey, D.(1986), "Organizational Contexts, User Involvement and the Usefulness of Information systems", *Decision*

Sciences, Vol.17, pp.329−356.

Galletta, D. F., Ahuja, M., Hartman, A., Peace, A. G. and Teo, T.(1994), "An Empirical study of Peer Influence on User Attitudes, Behavior and Performance", *Proceedings of the Fifteenth International Conforence on Information on Systems*, pp.229−242.

Gayle J. Yaverbaum and John Nosek(1992), Effects of Information System Education and Training on User Satisfaction, *Information & Management* 22, 1992, pp.217−225.

Geller, A. N.(1991), Internal Control, *A Fraud−Prevention Hand−Book for Hotel and Restaurant Managers*, Cornell University School of Hotel Administration.

Ginzberg, M. J.(1981), "Early Diagnosis of MIS Implementation Failure", *Management Science*, Vol.27, No.4, Apr., pp.459−478.

Goodhue, D.(1986), "IS Attitudes: Toward Theoretical and Definitional Clarity", *Proceedings of the Seventh International Conference on Informantion Systems*, San Diego, California, pp.181−194.

Guimaraes, T. and Igbaria, M.(1997), "Client / Server System Success: Exploring the Human Side", *Decision Sciences*, Vol.28, No.4, pp.851−875.

Hamilton, S. and Chervany, N. L.(1981), "Evaluation Information System Effectiveness−part I", *MIS Quarterly*, Sep. pp.55−69.

Igvaria, M., Guimaraes, T. and Davis, G. B.(1995), "testing the DeterMinats of Microcomputer Usage via a structural Equation Model", *Journal of Management Information System*, Vol.11, No.4, pp.87−114.

Iivari, J. and Koskela, E.(1987), "The PIOCO Model for Information System Design", *MIS Quarterly*, Vol.11, No.3, Sep., pp.586−603.

Iivari, J.(1985), "Managerial Response to an Information System Imple-mentation", *Proceedings of the Sixth International Conference on Information Systems*, Dec., pp.196−211.

James E. Billey and Sammy W. Pearson, Development of a tool for measuring and analyzing computer user satisfaction, *Management Science*, Vol.29, No.5, May 1983, pp.530−545.

Joseph D. Hogg, Reviewing Internal controls−A value added approach, *Internal Auditor*, August 1992, pp.67−69.

Joshi, K. and Rai, A.(2000), "Impact of the Quality of Information Products on Information system Users Job Satisfaction: An Empirical Investigation", *Information Systems Journal*, Vol.10, No.4, Oct., pp.323−344.

Kettinger, W. J. and Lee, C. C.(1994), "Perceived Service Quality and Satisfaction with the Information Services Function", *Decision Science*, Vol.25, pp.737−766.

Kettinger, W. J., Lee, C. C.(1997), "Pragmatic Perspectives on the Measurement of Information Systems Service Quality", *MIS Quarterly*, Vol.21, pp.223−240.

Kim, Eunhong and Lee, Jinjoo(1986), "An Exploratory Contingency Model of User Paticipation and MIS Use", *Information and Management*, Vol.11, No.2, Sep. pp.87−97.

Kim, K. K.(1989), "User satisfaction: A synthesis of three different perspectives", *Journal of Informational Systems*, Vol.4, No.1, pp.1−12.

Kim, K. K.(1988), Organizational Coordination and Performance in Hospital Accounting Information System: An Empirical Investigation, *The Accounting Review* Vol.LXIII, No.3, July 1988, pp.61−67.

Kriebel, A. C. and Raviv, A.(1980) "An Economics Approach to Modeling the Productivity of Computer Systems", *Management Science*, Vol.26, No.3, Mar., pp.24−43.

Kriebel, A. C. and Raviv, A.(1982), "Application of a Productivity Model for Computer Systems", *Decision Science*, Vol.13, No.2, Apr., pp.266−181.

Lacker, F. D. and Lessig, V. P.(1980), "Perceived Usefulness of

Information: A Psychometric Examination", *Decision Sciences*, Vol.11, No.1, Jan., pp.121 –134.

Lee, M. K. O. and Pow, j.(1996) "Information Access Behaviour and Expectation of Quality: Two Factors Affecting the Satisfaction of Users of Clinical Hospital Information Systems", *Journal of Information Scienc*e, Vol.22, No.3, pp.171 –179.

Lorenzoni, L., Da Cas, R. and Aparo, UL.(1999) "The Quality of Abstracting Medical Information from the Medical Record: The Impacy of Traning Programmes", *International Journal of Quality in Health Care*, Vol.11, No.3, pp.209 –213.

Lucas, H. C.(1978), "Empirical Evidence for a Descriptive Model of Implementation", *MIS Quarterly*, Jun. pp.27 –36.

Mcguire, B. L.(1996), "An empirical Study of User Satisfaction With Accounting Information Systems in A Healthcare Environment", University of Central Florida, PH. D.

Moad, J.(1989), "Asking Users to Judge IS." *Katamation*, Vol.35, No.21, Nov.1, pp.93 –100.

Munro, C. M. and Gorden, D. B.(1997), "Determining Management Information Needs: A Comparison of Methods", *MIS Quarterly*, Vol.1, No.2, Jun., pp.55 –67.

O'Brien, James A.(1996), *Management Information Systems –Managing Information Technology in the Networked Enterprise,* Irwin.

Olson, M. H. and Lucas, H. C.(1982), "The Impact of Office Autocation on the Organization: Some Implications for Research and Practice", *Communication of the ACM*, Vol.25, No.11, pp.837 –847.

Pitt, F. L., Watson, T. R. and Kavan, C. B.(1995), "Service Quality: A Measure of Information system Effectiveness", *MIS Quatrerly*, Vol.19, No.2, pp. 173 –187.

Pitt, F. L., Watson, T. R. and kavan, C. B.(1997), Measuring Information System Service Quality: Concerns for a Concerns for a Complete Canvas, *MIS Quarterly*, Vol.21, No.2, pp.209 –222.

Ray, P. ad Weerakkody, G.(1999), "Quality of Service Management in healthcare organizations: A case study", *Proceedings of the IEEE Symposium on Computer −Vased Medical Systems*, pp.80−85.

Raymond, L.(1985), "Organizational Characteristics and MIS Success in the Context of Small Business", *MIS Quarterly*, March 1985. pp.37−52.

Richard M. Steinberg and Raymond N. Johnson(1991), Implementing SAS no.55 in a Computer Environment, *Journal of accountancy*, August 1991, pp.60−68.

Robey, D. and Zeller, R. F.(1978), "Factors Affecting the Success and Failure of and Information System for Product Quality", *Interface*, Vol.8, No.2, pp.70−78.

Robey, D., Smith, L. A. and Vijaysarath, L. R.(1993), "Perceptions of Conflict and Success in Information System Development Project." Journal of Management Information System, Vol.10, No.1, pp.123 −139.

Rockart, J. F.(1982), "The Changing Role of the Information Systems Executive: A Critical Success Factors Perspective", Sloon Management Review, Vol.24, No.1, Fall, pp.3−13.

Rokart, J. and Flannery, L.(1983), "The Management of End User Computing", *Communications of the ACM*, Vol.26, No.10, Oct., p.781.

Seddon, P. and Kiew, Min−Yen.(1994), "A partial Test and Development of the DeLone and Mclean Model of IS Success", *Proceeding of the Fifteenth International Conference on Infornation on Systems*, pp.99−110.

Seddon, P.(1977), "Arespeccifiction and Extension of the DeLone and McLean Model of IS Success", *Information Systems Research*, Vol.8, No.3, pp.240−253.

Seddon, P. B. and Yip, S. K.(1992), "An Empirical Evaluation of User Information Satisfaction Measures for Use with General Ledger

Accounting Software", *Journal of Information Systems*, pp.75−92.

Sengupta, K. and Zviran, M.(1997), "Measuring User Satisfaction in an Outsourcing Environment", *IEEE Transactions on Engineering Management*, Vol.44, No.4, Nov., pp.414−421.

Simha R. Magal(1991), A Model for Evaluating Information Center Success, *Journal of Management Information Systems*, Vol.8, No.1, Summer 1991, pp.91−106.

Straub, D., Limayem, M., karahanna−Evaristo, E.(1995), "Measuring System Usage: Implications for IS Theory Testing", *Management Science*, Vol.41, No.8, pp.1328−1342.

Taylor, S. and Todd, P. A.(1995a), "Understanding Information Technology Usage: A Test of Competing Models", *Information Systems Research*, Vol.6, No.2, pp.144−176.

Taylor, S. and Todd, P. A.(1995b) "Assessing IT Usage: The Role of Prior Experience", *MIS Quarterly*, Vol.19, No.4, pp.561−570.

Teas, R. K.(1995), "Expectations as a Comparison Standard in Measuring Information System Service Quality: Concerns on the Use of the SERVQUAL Questionnaire", *MIS Quarterly*, Vol.21, No.2, pp.195−208.

Van Dyke, T. P., Pryvutok, V. R. and Kappelman, L. A.(1999), "Cautions on the Use of the SERVQUAL Measurie to Assess the Quality of Information Systems Services", *Decision Sciences*, Vol.30, No.3, pp.877−891.

Visscher, A. J. and Bloemen, P. P. M.(1999), "Evaluation of the Use of Computer−Assisted Management Information Systems in Detch Schools", *Journal of Research on Computing in Education*, Vol.32, No.1, pp.172−188.

Watson, R. T., Pitt, L. F., and Kavan, C. B.(1998), "Measuring Information Systems Service Quality: Lessons Form Two Longitudinal Case Studies", *MIS Quarterly*, June, pp.61−79.

Weber, R.(1988), *EDP Auditing Conceptual Foundations and Practice*,

2nd ed. McGraw–Hill.

Weber, R.(1980), "Auditor Decision Making on Overall System Reliability Accuracy, Consensus and the Usefulness of a Simulation Decision Aid", *Journal of Accounting Research(18),* pp.214–241.

http//arom.etri.re.kr

http//security.nca.or.kr

http//www.aicpa.org

http//www.auditnet.org

http//www.etnews.co.kr

http//www.isaca.org

http//www.nso.go.kr

http//www.rutgers.edu / accounting / raw / iia

>>> 설 문 지

호텔정보시스템의 EDP내부통제와
품질이 사용자 만족에 미치는 영향

안녕하세요?

바쁘신 중에 설문조사에 응해 주셔서 진심으로 감사합니다.

본 설문은 '호텔정보시스템의 EDP내부통제와 품질' 에 대한 연구목적으로 작성되었습니다.

본 설문내용은 비밀이 보장됨은 물론 무기명으로 처리됩니다. 아울러 조사된 자료는 통계법규에 따라 학문연구 목적으로만 사용됩니다.

귀하의 정성스런 응답이 본 연구에 귀중한 자료가 되오니 진솔하게 응답해 주시면 고맙겠습니다.

응답 시 의문사항은 아래의 연락처로 문의해 주시길 바라오며, 바쁘신 중 설문에 응해 주셔서 깊이 감사드립니다.

* 항목에 대한 귀하의 평가는 1~7 사이의 숫자를 선택하여 O표 혹은 체크(√)하시면 됩니다. 각 평점 숫자의 의미는 다음과 같습니다.

1	2	3	4	5	6	7
전혀 그렇지 않다	조금 그렇지 않다	그렇지 않다	보통이다	그렇다	조금 그렇다	매우 그렇다

* 설문항목 중 일부는 서로 비슷할 수 있습니다. 하지만, 서로 다른 측면을 평가하는 것이오니 생략하지 마시고 모든 설문에 응답하여 주시기 바랍니다.

> **호텔정보시스템**: 호텔업무를 하는 데 도움이 되는 컴퓨터와 관련이 있는 시스템을 말함
> **EDP내부통제**: 호텔정보시스템이 정확하고 신뢰할 수 있는 정보를 제공하고 자산을 보호하기 위한 전산감사 등을 말함

호텔의 일반업무와 전산업무에 공통으로 적용되는 통제입니다.		전혀 그렇지 않다		보통이다			매우 그렇다	
A1	직무명령서에 의한 업무분장 실시	1	2	3	4	5	6	7
A2	정기감사와 수시감사의 실시	1	2	3	4	5	6	7
A3	업무의 변경, 승인, 검토사항의 문서화	1	2	3	4	5	6	7
A4	특정지역이나 자료에 접근 시 암호, 지문, 출입증 등의 확인절차 거침	1	2	3	4	5	6	7
A5	해킹, 바이러스침투, 화재 등 대책수립	1	2	3	4	5	6	7
A6	우리 호텔의 일반통제 수준에 만족	1	2	3	4	5	6	7

호텔의 컴퓨터가 수행하는 구체적인 작업과 관련한 처리통제입니다.		전혀 그렇지 않다		보통이다			매우 그렇다	
B1	자료의 입력, 변환 시 오류방지절차 수립	1	2	3	4	5	6	7
B2	자료의 정상적 처리 여부 확인절차 수립	1	2	3	4	5	6	7
B3	자료의 입력, 처리, 출력의 단계별 확인절차 수립	1	2	3	4	5	6	7
B4	출력물은 승인된 자에 배부	1	2	3	4	5	6	7
B5	우리 호텔의 응용통제 수준에 만족	1	2	3	4	5	6	7

호텔정보시스템이 제공하는 출력물의 품질에 관한 것입니다.		전혀 그렇지 않다		보통이다			매우 그렇다	
C1	요구사항과 일치하는 정보를 제공	1	2	3	4	5	6	7
C2	정확한 정보를 제공	1	2	3	4	5	6	7
C3	이해하기 쉽도록 정보를 제공	1	2	3	4	5	6	7
C4	자세한 정보를 제공	1	2	3	4	5	6	7
C5	최신의 정보를 제공	1	2	3	4	5	6	7
C6	우리 호텔의 정보 품질 수준에 만족	1	2	3	4	5	6	7

호텔정보시스템 기능의 운영적 효율성에 관한 것입니다.		전혀 그렇지 않다	☞ 보통이다 ☞				매우 그렇다	
D1	고객과 종업원이 인터넷으로 접속가능	1	2	3	4	5	6	7
D2	문제발생 시 유지보수가 용이	1	2	3	4	5	6	7
D3	프로그램과 소프트웨어의 변경이 용이	1	2	3	4	5	6	7
D4	다른 시스템과 자료교환이 용이	1	2	3	4	5	6	7
D5	작동오류 시 안내서의 설명이 쉬움	1	2	3	4	5	6	7
D6	우리 호텔의 시스템 품질 수준에 만족	1	2	3	4	5	6	7

호텔정보시스템 담당부서가 이용자에게 제공하는 서비스에 관한 것입니다.		전혀 그렇지 않다	☞ 보통이다 ☞				매우 그렇다	
E1	호텔정보시스템상 문제발생 시 해결	1	2	3	4	5	6	7
E2	이용자에게 신속한 서비스 제공	1	2	3	4	5	6	7
E3	이용자에게 정보기술을 제공	1	2	3	4	5	6	7
E4	이용자에게 협조적	1	2	3	4	5	6	7
E5	우리 호텔의 서비스 품질 수준에 만족	1	2	3	4	5	6	7

호텔정보시스템을 사용한 후 느끼는 전반적인 만족에 관한 것입니다.		전혀 그렇지 않다	☞ 보통이다 ☞				매우 그렇다	
F1	우리 호텔의 호텔정보시스템에 전반적으로 만족	1	2	3	4	5	6	7
F2	우리 호텔의 호텔정보시스템이 제공하는 전반적인 서비스에 만족	1	2	3	4	5	6	7
F3	우리 호텔의 EDP내부통제에 전반적으로 만족	1	2	3	4	5	6	7
F4	우리 호텔의 호텔정보시스템을 이용 시 전반적으로 즐거움	1	2	3	4	5	6	7

G1	나 이	① 20대	② 30대	③ 40대	④ 50대	⑤ 60대 이상
G2	근무기간	① 1년	② 2-3년	③ 4-5년	④ 6-10년	⑤ 11년 이상
G3	정보시스템 사용기간	① 1년	② 2-3년	③ 4-5년	④ 6-10년	⑤ 11년 이상
G4	근무부서	① 객실	② 식 음	③ 관리 / 지원	④ 전산	⑤ 기타( )
G5	직 급	① 사원	② 주임 / 계 장	③ 대리 / 과 장	④ 차장 / 부장	⑤ 임 원
G6	학 력	① 고졸	② 전문대졸	③ 대학교졸	④ 대학원재학 이상	
G7	호텔등급	① 특1급	② 특2급	③ 기타( )		
G8	객실규모	① 300실대	② 400-500 실대	③ 600-800 실대	④ 900실대 이상	⑤ 기타( )

※ 끝까지 협조해 주심에 진심으로 감사드립니다.

약력 **이 병 원**

경희대학교 대학원 관광학과 졸업(관광학박사)
경희대학교 대학원 경영학과 졸업(경영학박사)
건국대학교 대학원 부동산학과 박사과정 수료
동양대학교 경영관광정보학부 교수 역임
조흥경제연구소 산업금융팀장
현재 경희사이버대학교 호텔경영학과 교수
한국경영교육학회 부회장
한국상업교육학회 부회장
한국호텔경영학회 편집이사
한국관광학회 이사

논 문

호텔REITs 성공요인에 관한 탐색적 연구
호텔정보시스템의 성공요인과 사용자 만족 간의 구조적 관계연구
Determinants of Long－Term Relationship Between Foreign
　　　　　Companies and Chinese Retailers
특1급 호텔과 특2급 호텔 간 호텔정보시스템 품질 비교
원격대학 교원 및 학생정원 책정에 관한 연구 외 다수

저 서

호텔회계의 기초
호텔관광서비스론
경영학원론
회계원리
원가관리회계
Readings in Financial Accounting 외 다수

호텔정보시스템의 품질과 EDP내부통제

- 초판 인쇄   2007년 8월 31일
- 초판 발행   2007년 8월 31일

- 지 은 이   이병원
- 펴 낸 이   채종준
- 펴 낸 곳   한국학술정보㈜
             경기도 파주시 교하읍 문발리 526-2
             파주출판문화정보산업단지
             전화 031) 908-3181(대표) · 팩스 031) 908-3189
             홈페이지 http://www.kstudy.com
             e-mail(출판사업부) publish@kstudy.com
- 등   록   제일산-115호(2000. 6. 19)
- 가   격   8,000원

ISBN   978-89-534-7405-5 93980 (Paper Book)
        978-89-534-7406-2 98980 (e-Book)